Dr. M. RAJASEKAR

Tendências recentes no sensor de mercúrio (II) fotorresponsivo para biomateriais

Dr. M. RAJASEKAR

Tendências recentes no sensor de mercúrio (II) fotorresponsivo para biomateriais

ScienciaScripts

Cover image: www.ingimage.com

This book is a translation from the original published under ISBN 978-620-8-06509-6.

Publisher:
Sciencia Scripts
is a trademark of
Dodo Books Indian Ocean Ltd. and OmniScriptum S.R.L publishing group

120 High Road, East Finchley, London, N2 9ED, United Kingdom
Str. Armeneasca 28/1, office 1, Chisinau MD-2012, Republic of Moldova, Europe
Printed at: see last page
ISBN: 978-620-8-14015-1

TENDÊNCIAS RECENTES NO MERCÚRIO FOTORRESPONSIVO (II)

SENSOR PARA BIOMATERIAIS

ÍNDICE

1. INTRODUÇÃO

A contaminação por mercúrio continua a ser uma preocupação global formidável, colocando sérias ameaças aos ecossistemas e à saúde humana devido à sua persistência, toxicidade e capacidade de biomagnificação na cadeia alimentar [1]. Dado que as actividades antropogénicas continuam a libertar mercúrio no ambiente, são fundamentais estratégias eficazes de monitorização e deteção para uma intervenção e atenuação atempadas. Em resposta a este imperativo, nos últimos anos assistiu-se a um aumento notável da investigação dedicada ao desenvolvimento de tecnologias avançadas de deteção, com especial destaque para os sensores de mercúrio (II) com base em fotoresponsivos [2, 3]. Esta introdução abrangente percorre a paisagem multifacetada da poluição por mercúrio, elucidando as ramificações ambientais, as metodologias de deteção tradicionais e o papel evolutivo dos sensores fotoresponsivos na resolução das deficiências das abordagens convencionais. O impacto generalizado da contaminação por mercúrio abrange os domínios terrestre, aquático e atmosférico, tornando-o um verdadeiro desafio ambiental global [4-8]. Os processos industriais, a combustão de carvão e a extração artesanal de ouro são fontes proeminentes de emissões de mercúrio, contribuindo para a sua presença omnipresente no ar, na água e no solo. Uma vez libertado, o mercúrio sofre transformações biogeoquímicas complexas, conduzindo, em última análise, à formação de metilmercúrio, um composto altamente tóxico que se acumula nos organismos, representando graves riscos para a saúde tanto da vida selvagem como das populações humanas. A compreensão das intrincadas vias através das quais o mercúrio circula no ambiente é essencial para a conceção de estratégias de monitorização específicas e eficazes [9-12].

Os métodos tradicionais de deteção de iões de mercúrio, incluindo a espetrometria de absorção atómica e as técnicas baseadas na fluorescência, têm desempenhado um papel crucial na compreensão da distribuição do mercúrio. No entanto, os procedimentos sofrem frequentemente de limitações, tais como limites de deteção elevados, preparação complexa de amostras e capacidades limitadas em tempo real. A urgência em ultrapassar estes desafios tem alimentado a exploração de tecnologias de deteção alternativas, impulsionando os sensores baseados em fotoresponsivos para a vanguarda da investigação sobre a deteção de mercúrio. A capacidade única destes sensores para converter sinais de luz em respostas eléctricas oferece uma mudança de paradigma na procura de maior sensibilidade, seletividade e monitorização em tempo real [13- 15]. O cerne desta mudança de paradigma reside na utilização inovadora de materiais. Os pontos quânticos, os nanomateriais e os semicondutores orgânicos emergiram como actores-chave na amplificação do desempenho dos sensores de mercúrio fotoresponsivos. Os pontos quânticos, com as suas propriedades electrónicas ajustáveis e elevada área de superfície, proporcionam uma plataforma para uma deteção precisa e eficiente. Os nanomateriais, por outro lado, oferecem uma maior sensibilidade graças às suas caraterísticas estruturais únicas. Os semicondutores orgânicos contribuem para o desenvolvimento de plataformas de sensores flexíveis e económicas, alargando o alcance destas tecnologias a diversas aplicações e ambientes [16, 17].

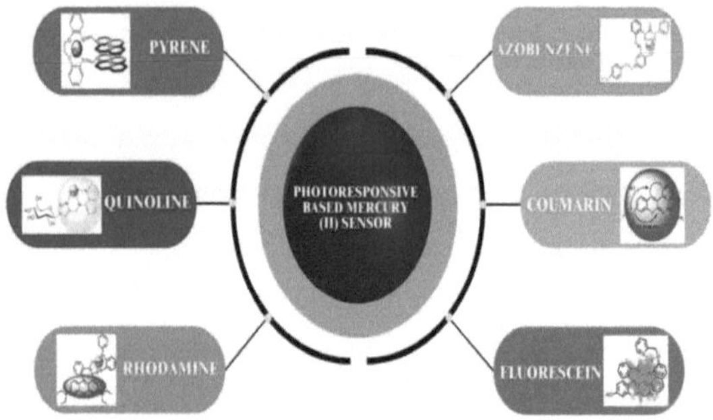

Figura 1. Representação esquemática do sensor de mercúrio (II) com base em fotoresponsivos

A versatilidade dos sensores baseados em fotoresponsivos vai além da mera deteção. A integração destes sensores com a Internet das coisas (IoT) e os dispositivos portáteis introduz uma dimensão dinâmica na monitorização ambiental. Esta amálgama permite uma monitorização em tempo real, remota e contínua, transformando a natureza estática dos métodos de amostragem tradicionais [18]. As implicações desta integração estendem-se a vários sectores, desde processos industriais a estudos ecológicos, prometendo uma abordagem abrangente à deteção de iões de mercúrio. À medida que aprofundamos as tendências recentes dos sensores de mercúrio com base em fotoresponsivos, torna-se evidente que estas inovações não só respondem aos actuais desafios de deteção, como também lançam as bases para futuros avanços [19, 20]. As páginas seguintes irão desvendar os intrincados desenvolvimentos na conceção de sensores, na síntese de materiais e nas aplicações em evolução de sensores de mercúrio (II) baseados em fotorresposta (**1**). Através desta exploração, pretendemos elucidar os potenciais caminhos que podem moldar o futuro das tecnologias de deteção de mercúrio e as suas implicações mais vastas para a sustentabilidade ambiental e a saúde pública. Este livro analisa os desenvolvimentos actuais na síntese, um conceito de conceção com caraterísticas fotofísicas, mecanismo de deteção e investigações de identificação de analitos com muitos parâmetros de sensores de mercúrio (II) baseados em fotoresponsivos, com enfoque em aplicações biológicas (**Figura 1**).

2. SENSOR DE MERCÚRIO (Hg^{2+}) À BASE DE AZOBENZENO

O derivado de azobenzeno com unidades de 1,3,4-triazol como base para uma sonda fluorescente altamente sensível (**2**) para a deteção selectiva de mercúrio foi concebido, sintetizado e testado quanto à sua capacidade de reconhecer catiões por fluorescência UV-vis. Em ambientes aquosos de DMF, a sonda fluorescente apresenta uma resposta muito selectiva de aumento da fluorescência em relação ao mercúrio (**Figura 2a**) [21]. Além disso, foram desenvolvidos e sintetizados os dois novos quimiossensores colorimétricos muito específicos (**3**) para Hg^{2+} . Baseiam-se no azobenzeno e na desproteção altamente selectiva de um ditiocetal promovida pelo Hg^{2+} . A cor do sensor muda de amarelo pálido para vermelho intenso, o que é facilmente visível a olho nu na presença de apenas 20 mm de Hg^{2+} . A transferência de carga intramolecular (ICT) é o processo de sinalização fundamental. A seletividade dos sensores de Hg^{2+} é boa para várias substâncias alcalinas típicas, alcalino-terrosas e iões de metais de transição. Além disso, não requerem qualquer equipamento adicional para serem utilizados em medições no terreno utilizando um método de vareta (**Figura 2b**) [22].

a)

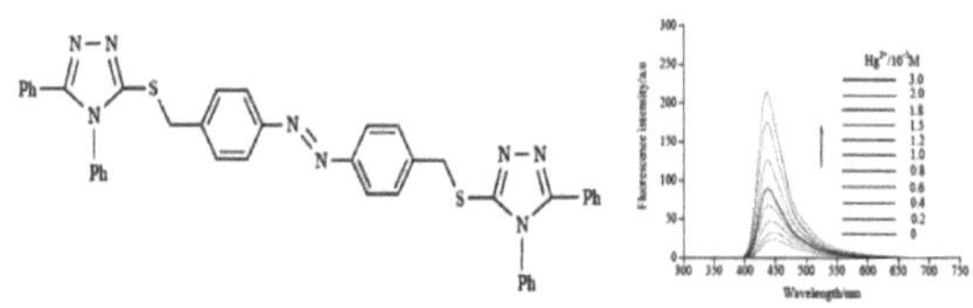

2

b)

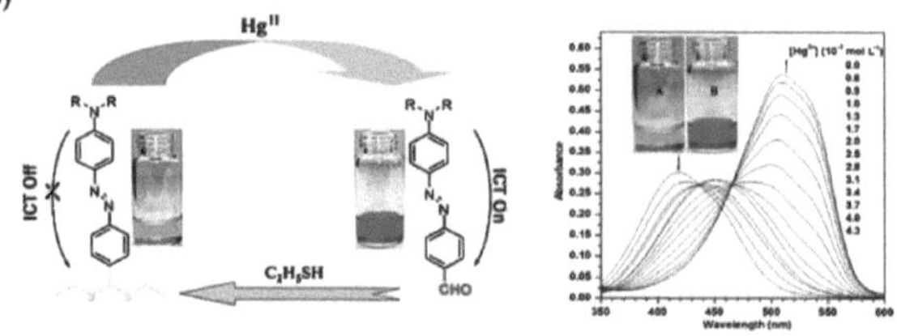

3

Figura 2. a). Análise de fluorescência do sensor de mercúrio fluorescente à base de azobenzeno (**2**).

b). Análise da absorvância dos quimiossensores colorimétricos à base de azobenzeno (**3**).

O desenvolvimento e a caraterização de uma nova família de corantes azobenzénicos (**4**) baseados no mecanismo de transferência interna de carga (ICT) permitiram a deteção

colorimétrica e ratiométrica de Hg^{2+} . Numa solução aquosa de metanol, as moléculas que contêm funções dos grupos azo e imino podem funcionar em conjunto com o Hg^{2+} para produzir um desvio azul significativo de 453
para 363 nm, o que corresponde a uma mudança notável na tonalidade de laranja para amarelo claro. Esta

pode ser utilizado para a deteção de Hg^{2+} a olho nu. A espetroscopia UV-Vis foi utilizada para examinar a sensibilidade, a especificidade e o modo de ligação dos sensores ao Hg^{2+} (**Figura 3a**) [23]. Foi criada uma sonda molecular (**5**) para a deteção dupla de Hg^{2+} e iões F, utilizando a química de aldoxima recentemente descoberta. A sonda contendo azobenzeno (Azo-2) produzida a partir de aldoxima foi criada e examinada. Numa combinação DMSO/H_2 O, demonstrou uma sensibilidade e seletividade notáveis para iões contendo mercúrio através de um ião Hg^{2+} -
catalisado pelo processo de desidratação a pH = 5. Com a adição de iões Hg^{2+} , a sonda mostrou uma mudança para o vermelho de 70 nm no seu comprimento de onda de absorção máxima, juntamente com uma mudança de cor de amarelo claro para violeta escuro na solução. É interessante notar que o Azo-2 também mostrou uma forte sensibilidade e seletividade para iões F^- numa solução de DMSO. Isto foi possível devido à desprotonação da oxima-OH causada pelos iões F^- e à consequente criação de uma espécie HF_2^- energeticamente preferida. A deteção visível do ião F^- foi auxiliada pela mudança de cor da solução de amarelo pálido para vermelho intenso. A espetroscopia de RMN utilizando^1 H- e^{19} F permitiu confirmar a interação oxima-fluoreto e a produção de HF_2 . Todo o processo é reversível, como demonstrado pela reação do anião oxima produzido pelo F^- numa solução de DMSO com moléculas de água para reverter para a oxima originalmente protonada (**Figura 3b**) [24].

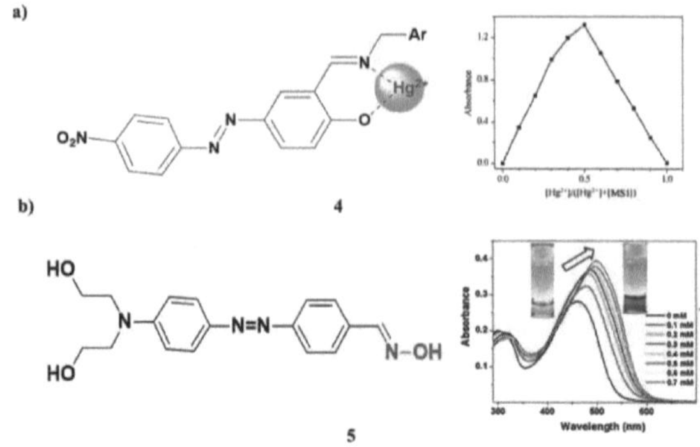

Figura 3. a). Estudo ratiométrico de corantes colorimétricos e quimiossensores de azobenzeno (**4**). b). Estrutura da sonda molecular à base de azobenzeno funcionalizada com aldoxima Deteção de iões de mercúrio e fluoreto (**5**).

Foi criado um quimiossensor tioacetal (**6**) através da síntese simultânea de uma fração de azobenzeno e carbazole. O Hg^{2+} demonstrou ser capaz de provocar especificamente alterações na cor e na fluorescência entre outros iões metálicos. ^{1}As medições de RMN H validaram o mecanismo de clivagem do tioacetal promovido pelo Hg^{2+} . A solução amarela CH_3 CN/H_2 O transformou-se numa solução incolor quando foi adicionado Hg^{2+} . Este precipitou como um sal mercúrico e deixou para trás uma tioglicolamida contendo azobenzeno (**Figura 4a**) [25]. Foi sintetizado um novo conjunto de derivados de benzoil-tioureia (**7**) e as suas respostas quimio-dosimétricas a catiões metálicos foram examinadas em soluções aquosas à temperatura ambiente. Entre os vários catiões metálicos estudados, apenas os iões Hg^{2+} mostraram reacções a mudanças de cor permanentes nos receptores, bem como desvios azuis caraterísticos nos espectros UV/vis. O ião Hg^{2+} pode ser monitorizado utilizando os receptores numa solução aquosa com um intervalo de pH de 4 a 9 (**Figura 4b**) [26].

a)

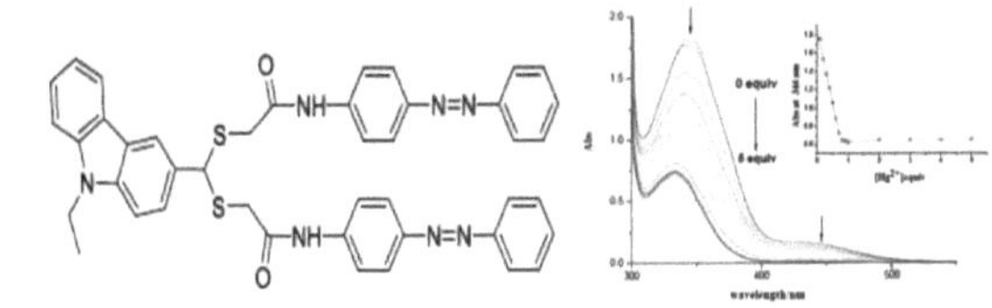

6

b)

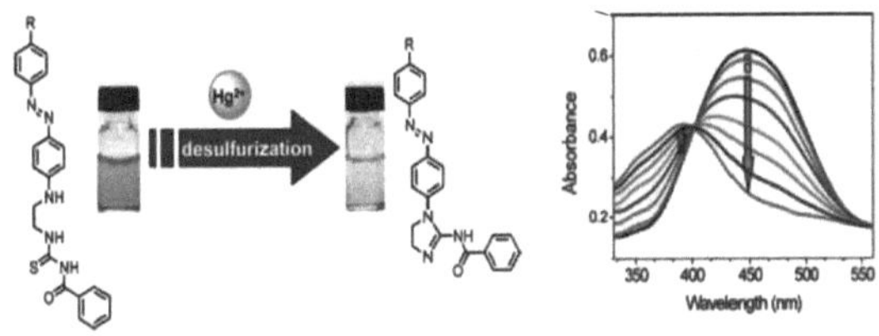

7

Figura 4. a). Estudo fotofísico do quimiossensor fluorogénico à base de tioacetais para Hg(II) (**6**). b). Estudo de absorção da deteção quimiossimétrica de Hg(II) (**7**).

Foram criadas e utilizadas sondas ópticas de construção azo-cromóforo e feniltioureia (**8**) para a deteção a olho nu de CN e Hg^{2+} . As sondas produzidas responderam de forma diferente aos iões CN^- e Hg^{2+} em termos de colorimetria. ^{1}As medições de titulação por RMN H foram utilizadas para estudar o mecanismo da interação de ligação da sonda entre os iões CN^- e Hg^{2+} . O limite de deteção do quimiossensor e a análise do gráfico de Job indicaram que as razões estequiométricas para os iões Hg^{2+} e CN^- eram, respetivamente, 1:1 (LOD = 4,89 μM e 1:2 (LOD = 2,23 μM) (**Figura 5a**) [27]. Foi desenvolvida e sintetizada uma nova sonda fluorescente direta BAA (**9**) para Hg^{2+} em solução aquosa. Através da utilização de espectros de fluorescência, pode ser utilizada para identificar seletivamente o Hg^{2+} numa solução aquosa em relação a outros iões metálicos comuns.

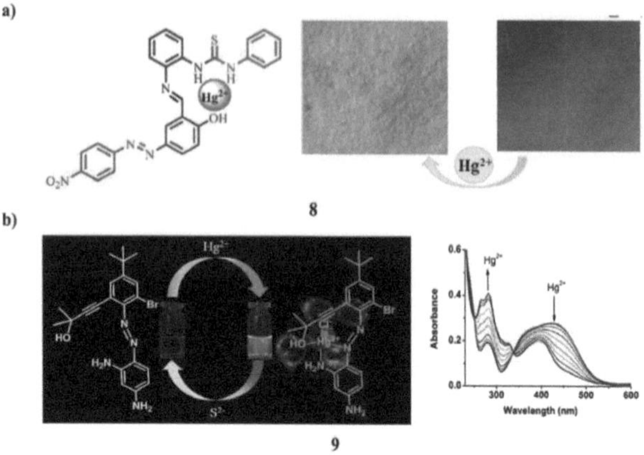

Figura 5. a). Estudo de absorção do quimiossensor azo-benzilideno-tioureia (**8**). b). Estudo do intervalo de energia HOMO-LUMO da sonda fluorescente para Hg^{2+} (**9**).

A confirmação do mecanismo de deteção do **BAA** em relação ao Hg^{2+} foi obtida utilizando espectros de titulação, ESI-MS e cálculos DFT. Com o Hg^{2+} , a sonda **BAA** apresentou um modo de ligação 1:1. Verificou-se uma interação reversível entre o **BAA** e o Hg^{2+} . Além disso, o **BAA** reagiu rapidamente ao Hg^{2+} e pôde detetar o Hg^{2+} numa vasta gama de pH (3-10). Por fim, a sonda também foi utilizada eficazmente para obter imagens de iões Hg^{2+} em células vivas MCF-7 e detetar Hg^{2+} na água das amostras do lago (**Figura 5b**) [28].

Os sensores de mercúrio (II) à base de azobenzeno funcionam através da fotoisomerização reversível dos grupos azobenzeno, que altera as propriedades ópticas do sensor após a ligação do ião mercúrio (II). A ligação induz uma mudança na configuração geométrica do azobenzeno de trans para cis, resultando numa mudança detetável na absorvência UV-Vis ou na fluorescência. Este mecanismo oferece uma elevada sensibilidade e seletividade devido à forte interação entre os iões de mercúrio e o azobenzeno. Os sensores têm vantagens notáveis, incluindo a sua elevada sensibilidade, baixos limites de deteção e potencial para integração em dispositivos IoT e vestíveis para monitorização em tempo real. No entanto, os desafios incluem problemas de estabilidade e a necessidade de processos de fabrico complexos. Estudos de caso, como a integração de sensores de azobenzeno em dispositivos vestíveis de monitorização da saúde, destacam o seu potencial em aplicações ambientais e de saúde pessoal, demonstrando a sua eficácia na deteção de níveis vestigiais de mercúrio e contribuindo para uma maior segurança e monitorização ambiental.

3. SENSOR DE MERCÚRIO (Hg^{2+}) BASEADO EM COUMARINA

Foi criada uma nova sonda de fluorescência ratiométrica ultrassensível para detetar iões de mercúrio através da dessulfuração específica do ditiocetal que é ativado pelo mercúrio. Numa solução aquosa, esta sonda (**10**) demonstra uma resposta de cor e fluorescência eficazes em resposta ao Hg^{2+}. É superior à maioria das sondas relatadas devido à sua cinética de resposta rápida, ao baixo limite de deteção (~ 0,81 ppb), à elevada seletividade e à emissão de luz visível (450-650 nm). A sua aplicação a imagens ratiométricas de Hg^{2+} em células HeLa vivas foi facilmente executada (**Figura 6a**) [29]. Foi utilizado um processo sintético rápido e de elevado rendimento para desenvolver e criar uma sonda iónica fluorescente solúvel em água (**11**) com excelente seletividade para iões Hg^{2+}. A sonda é um membro da família dos sensores de ativação. Funciona através do processo de transferência de electrões fotoinduzida, produzindo um corante que pode ser utilizado como ferramenta para a identificação e medição de mercúrio em amostras biológicas e ambientais (**Figura 6b**) [30].

a)

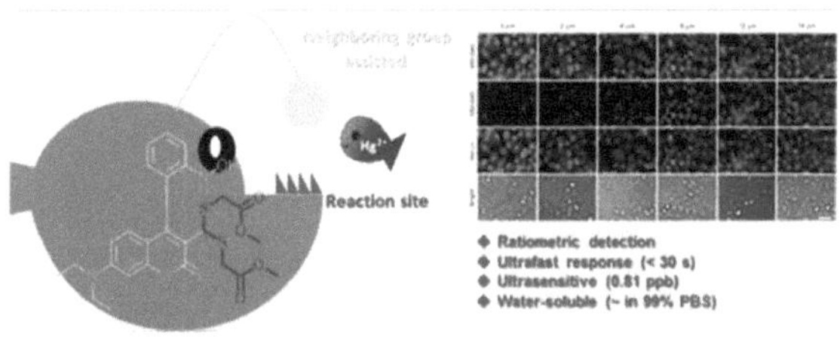

10

b)

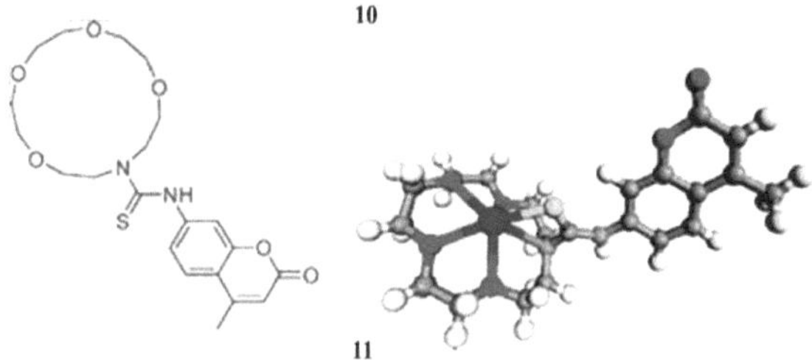

11

Figura 6. a) Estudos de imagiologia de células vivas da sonda fluorescente Hg^{2+} à base de cumarina (**10**). b). Estudo PET do sensor fluorescente à base de cumarina (**11**).

Os derivados de triazolil cumarina (**12**) foram sintetizados como sensores de fluorescência para investigar a sua seletividade e capacidade de ligação a iões metálicos. Estes derivados incluíam grupos espaçadores entre os grupos cumarina e triazol e outros sem. Com a intensificação da fluorescência, demonstraram uma seletividade notável em relação ao Hg^{2+}

em solventes próticos polares MeOH-$CHCl_3$. Além disso, foi demonstrado que liga dois Hg^{2+} a uma concentração elevada (>12,5 mM) de Hg(ClO)42 . Apresentou uma estequiometria de ligação relativamente a um único Hg^{2+} . Com base nos resultados dos ligandos[1] H NMR titulação, IR, e deteção de fluorescência (**Figura 7a**) [31]. O desenvolvimento de um novo quimiossensor colorimétrico e fluorescente (**13**) baseado em 7- (dietilamino)-3-(pirimidin-4-il)-2H-cromen-2-ona (PYC) foi proposto e tornou viável a deteção de Hg^{2+} na presença de outros metais concorrentes em ambientes aquáticos mistos. Quando exposto ao Hg^{2+} , a cor do PYC muda de verde para vermelho, para amarelo-verde e para laranja claro em fluorescência. Os espectros de absorção também apresentam um desvio para o vermelho de cerca de 80 nm de comprimento de onda. Foram criadas tiras de teste baseadas no PYC para servirem de kits de teste práticos e eficazes para o Hg^{2+} (**Figura 7b**) [32].

a)

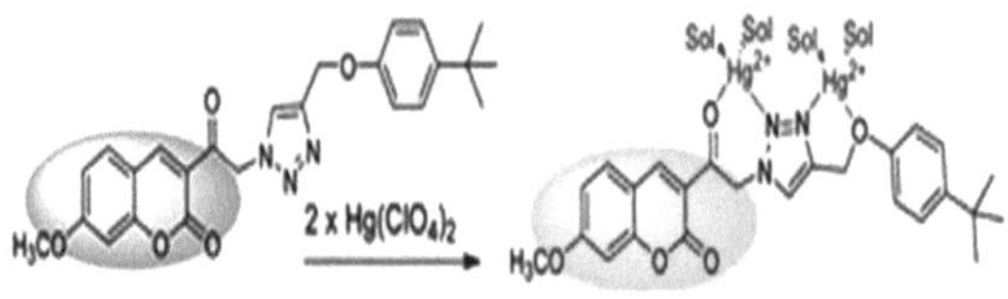

12

b)

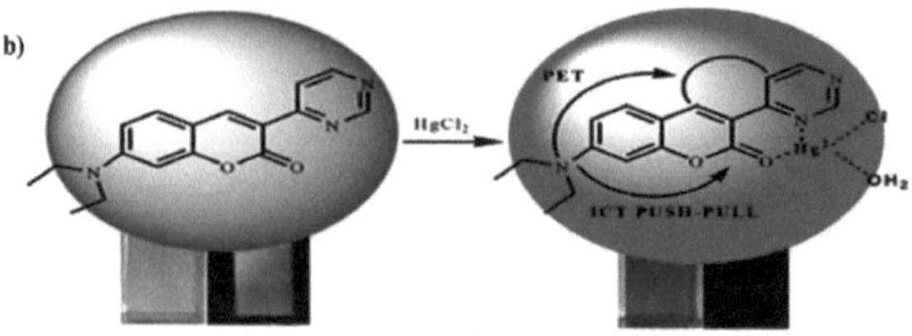

13

Figura 7. a). Mecanismo dos quimiossensores de Hg baseados em triazolil cumarinas^{2+} (**12**). b). Estudo TIC do sensor colorimétrico de Hg^{2+} baseado em pirimidina anexada a cumarinil (**13**).

Um novo quimio-dosímetro fluorescente colorimétrico e ratiométrico (**14**) baseado na transferência de carga intramolecular (ICT) foi logicamente concebido e estabelecido para a deteção de Hg^{2+} . A sonda funciona através do processo específico de dessulfuração da tiocumarina em cumarina, que é estimulado pelo mercúrio. Demonstra um LOD baixo de 1,85 ppb e grande seletividade e sensibilidade numa solução aquosa quase pura. Além disso, foi eficazmente utilizado para a imagiologia de fluorescência do Hg^{2+} em células vivas (**Figura 8a**) [33]. O método de fototautomerismo da 7-hidroxicumarina numa solução aquosa serviu de base para a criação de um novo polímero luminoso (**15**) para a deteção de Hg^{2+} . O método desenvolvido mostrou uma maior sensibilidade e seletividade em relação ao Hg^{2+} numa combinação de acetonitrilo/água, em comparação com vários outros iões metálicos, com uma supressão significativa da banda de emissão principal na fluorescência. Foi demonstrado que o equilíbrio químico dos foto-tautómeros da 7-hidroxicumarina é alterado na presença de Hg^{2+} pelo estado excitado do mecanismo de troca protónica intramolecular (ESIPT), o que resulta numa resposta de fluorescência ratiométrica após a adição gradual de Hg^{2+} . Uma comparação dos espectros de RMN de^1 H da cumarina alquinilada inicial em solventes apróticos polares e não polares explicou a ocorrência do processo ESIPT. Uma confirmação adicional deste facto veio do^1 H NMR de 4 obtido pela adição gradual de Hg^{2+} em solvente aprótico polarizado. As experiências de titulação revelaram uma maior sensibilidade com um limiar de deteção ao nível nanomolar (50 nM), bem como uma reação mais rápida e reversível. As utilizações práticas dos sistemas criados foram examinadas com amostras reais, obtendo-se resultados positivos tanto para amostras de água doce como de lagos (**Figura 8b**) [34].

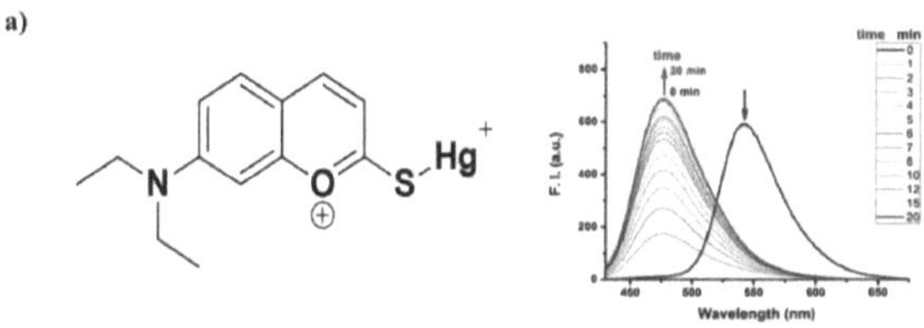

14

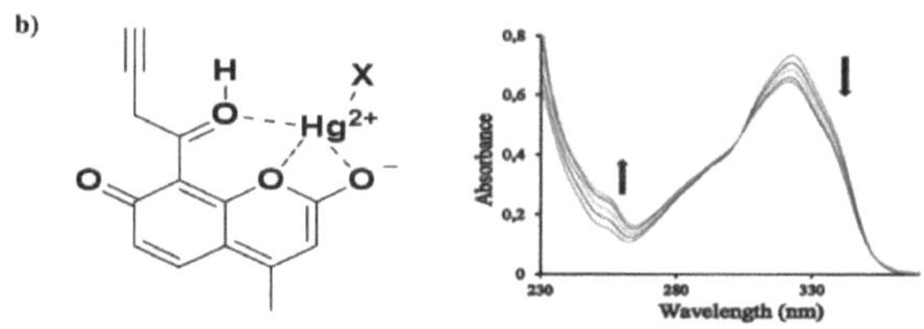

15

Figura 8. a). Imagiologia de células vivas do sensor colorimétrico de Hg^{2+} baseado na tiocumarina (**14**). b). Mecanismo de deteção de Hg baseado no polímero cumarina-triazol $ESIPT^{2+}$ (**15**).

A conceção e o fabrico de dispositivos baseados na fluorescência para a deteção e o rastreio no terreno do Hg^{2+} em amostras ecológicas e industriais continua a ser um problema difícil, apesar de terem sido sugeridas e investigadas moléculas de deteção fluorescente para indicar a ligação do ião Hg^{2+} . Foram sintetizados e caracterizados três novos quimiossensores fluorescentes à base de cumarina (**16**) com estruturas macrocíclicas mistas de thia/aza como unidades receptoras. Ao revelarem uma resposta selectiva OFF-ON a iões Hg^{2+} em $MeCN/H_2O$, estas sondas tornaram possível a imagem deste ião metálico em células Cos-7 quando realizadas in vitro. Quando os ligandos são reforçados em membranas poliméricas à base de cloreto de polivinilo (PVC) ou incorporados em nanopartículas com núcleo de sílica e invólucro de polietilenoglicol (PEG), podem também detetar iões Hg^{2+} em água pura com seletividade. Especificamente, foi criada uma matriz de deteção ótica baseada no método foto-assistido do ecrã do computador (CSPT), utilizando as caraterísticas de fluorescência dos ligandos. O dispositivo responde quantitativamente aos iões Hg^{2+} em amostras de água natural quando o ligando é distribuído através de membranas de PVC (**Figura 9a**) [35]. O Cu(I) catalisou a cicloadição de Huisgen para criar um sensor de quinolina conjugado com cumarina e com ponte de triazol (**17**) que mostrou uma excelente seletividade para o perigoso Hg^{2+} . Notavelmente, uma análise de fluorescência resolvida no tempo mostrou que não foi descoberta qualquer indicação da transferência de energia da molécula de quinolina para a cumarina. As simulações TDDFT corroboram o potencial mecanismo de ligação deste sensor ao Hg^{2+} , que foi determinado por análise RMN, espetroscopia de fluorescência em estado estacionário e resolvida no tempo e outros métodos. Uma vez que o sensor não é tóxico e é permeável às membranas celulares, pode ser utilizado para a deteção intracelular de Hg^{2+} (**Figura 9b**) [36].

a)

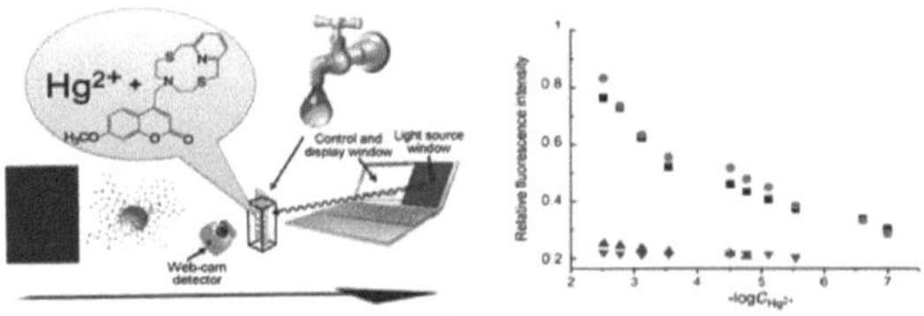

16

b)

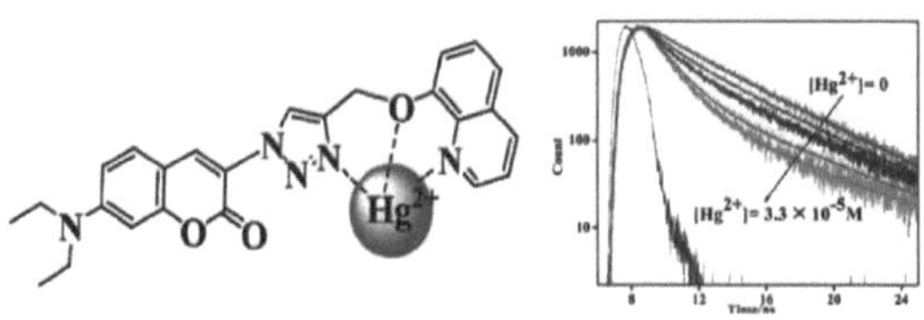

17

Figura 9. a). Estudos de fluorescência de quimiossensores luminosos de Hg baseados em cumarina^{2+} (**16**). b). Estudos FRET do sensor de Hg^{2+} baseado em cumarina-hidroxiquinolina com ponte de triazol (**17**).

Foram criadas novas sondas fluorescentes reactivas (**18**) para iões compostos por mercúrio, utilizando o bem conhecido cromóforo cumarina e o processo único de desproteção de ditio-acetais promovido por Hg^{2+} . O cromóforo mostrou uma impressionante atenuação da fluorescência com a incorporação de iões de mercúrio, o que ajudou a fornecer um sinal forte durante todo o processo de deteção. No entanto, os seus espectros de fluorescência (60 nm) e de absorção (60 nm) apresentaram ambos um desvio para o vermelho notável com um limite de deteção de 90 nM. Respondeu preferencialmente ao Hg^{2+} nesta reação química específica, e as alterações nos espectros de absorção e emissão aparentes só puderam ser causadas pela adição de Hg^{2+} . Além disso, foi eficazmente utilizado em técnicas fluorescentes raciométricas para imagiologia microscópica para detetar Hg^{2+} em células HeLa (**Figura 10a**) [37].

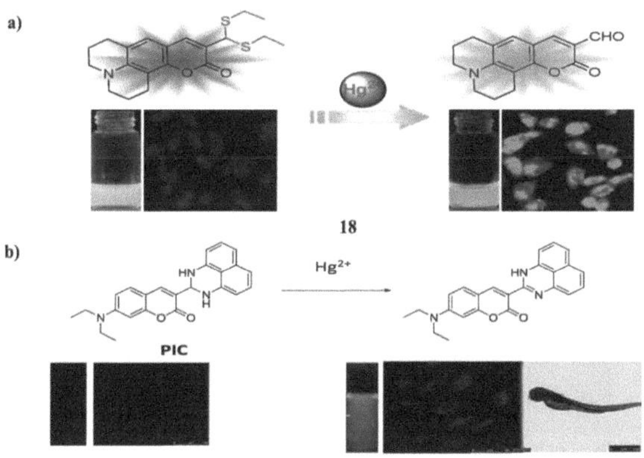

19

Figura 10. a). Estudos de bioimagem do sensor fluorescente à base de cumarina tioacetalizada (**18**).

b). Estudos em peixe-zebra do sensor fluorescente de Hg baseado na cumarina^{2+} (**19**).

Foi incluída uma porção de perimidina na conceção e síntese de uma sonda fluorescente baseada na reação PIC (**19**) destinada à deteção de Hg^{2+} . A pH fisiológico, pode separar preferencialmente o Hg^{2+} com uma amplificação de fluorescência 42 vezes superior à dos restantes iões metálicos. O limite superior de deteção do Hg^{2+} com esta sonda é de 1,08 μM. Pode ser utilizada para detetar o Hg^{2+} em células emissoras de azul em tempo real (**Figura 10b**) [38].

Um novo N-[4-(2-Oxo-2H-cromen-3-il)-tiazol-2-il] à base de cumarina foi sintetizado com sucesso pela primeira vez. O monómero fluorescente de acrilamida (OCTAA) foi obtido.

Quando os iões metálicos estão presentes, as caraterísticas de fluorescência do monómero OCTAA (**20**) são atenuadas. A polimerização foi verificada através da utilização de[13] C NMR e espetroscopia FTIR. O objetivo da investigação por espetroscopia de fotoelectrões de raios X é avaliar os grupos funcionais envolvidos no processo de complexação com mercúrio. A morfologia do IIP foi examinada utilizando o FE-SEM. A área de superfície BET do NIP e do IIP foi de 48,1 m g^{2-1} e 76,90 m g^{2-1} em estudos de adsorção-dessorção de azoto. Com um espetro de resposta linear que varia entre 0,05-1,2 μmol L^{-1} e um limite de deteção de 0,020 μmol L^{-1} , a fluorescência da IIP foi registada a 450 nm. O mercúrio foi eficazmente detectado a partir de uma amostra de água genuína utilizando o Hg(II)-IIP fluorescente (**Figura 11a**) [39]. Um novo sensor de fluorescência (**21**, PPC-S) para Hg^{2+} que assenta no cromóforo cumarina baseado na emissão induzida por agregação de pirazolo[3,4-b]piridina (AIE) (PPC-O). O PPC-S que é inativo em termos de AIE após o processo de dessulfurização com Hg^{2+} pode ser convertido em PPC-O que é ativo em termos de AIE. Este PPC-O pode então ser utilizado para a deteção de fluorescência de Hg^{2+} em soluções aquosas com seletividade e sensibilidade adequadas (**Figura 11b**) [40].

a)

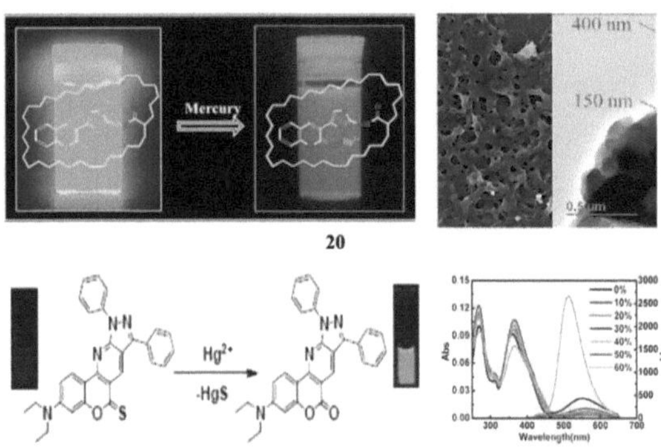

b) 20

21

Figura 11. a). Estudo nanomolar do sensor fluorescente de Hg(II) à base de cumarina (**20**). b). Atividade AIE dos cromóforos cumarínicos à base de pirazolo[3,4-b]piridina (**21**)

Há muito que se reconhece que o mercúrio tem efeitos prejudiciais para a saúde biológica, razão pela qual a criação de sensores fluorescentes (**22**) para o Hg^{2+} tem sido objeto de grande interesse. Utilizando a teoria do funcional da densidade dependente do tempo, as caraterísticas ópticas de dois sensores químicos de Hg^{2+} recentemente sintetizados, baseados no sistema cumarina-rodamina, foram cuidadosamente examinadas. Foi demonstrado que as sondas são eficientes sondas fluorescentes raciométricas de Hg^{2+} que identificam o Hg^{2+} através de processos de transferência de energia de ligação e de transferência de energia de ressonância de Forster, respetivamente. Assim, é demonstrado como o grupo espaçador entre o aceitador e o dador afecta a capacidade de deteção da sonda. Em particular, são calculadas as caraterísticas de absorção de dois fotões destas duas sondas. As respostas significativas de dois fotões são observadas pelas sondas no espetro de luz do infravermelho próximo. No entanto, a presença de Hg^{2+} apenas aumenta significativamente a secção transversal máxima de absorção de dois fotões da sonda, sugerindo que a sonda pode ser utilizada como uma sonda fluorescente estimulada por dois fotões para Hg^{2+} . A investigação teórica poderá estabelecer uma ligação entre as caraterísticas ópticas e a estrutura da sonda, oferecendo perspectivas para a criação de sensores de fluorescência de dois fotões eficazes para a imagiologia biológica in vivo do Hg^{2+} (**Figura 12**) [41].

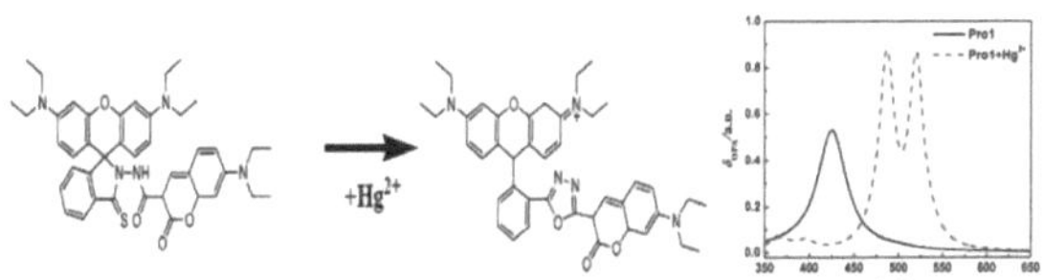

22

Figura 12. Estudos teóricos de sondas de Hg à base de cumarina-rodamina^{2+} (**22**).

Os sensores de mercúrio (II) à base de cumarina funcionam principalmente através da atenuação da fluorescência ou de alterações colorimétricas após a ligação de iões de mercúrio, explorando as propriedades quelantes dos derivados de cumarina. O mecanismo de deteção envolve a coordenação de iões de mercúrio (II) com os ligandos à base de cumarina, levando a uma diminuição mensurável da fluorescência ou a uma mudança de cor devido a estados electrónicos alterados. Estes sensores são vantajosos devido à sua elevada sensibilidade, resposta rápida e facilidade de funcionalização. No entanto, enfrentam limitações, como a potencial interferência de outros iões metálicos e a estabilidade limitada em condições adversas. Em aplicações do mundo real, como IoT e dispositivos vestíveis, os sensores baseados em cumarina foram integrados em sistemas de monitorização da qualidade da água e dispositivos de deteção ambiental, demonstrando a sua utilidade prática e eficácia na deteção contínua, remota e em tempo real.

4. SENSOR DE MERCÚRIO À BASE DE FLUORESCEÍNA (Hg)$^{2+}$

Dois fluoróforos de rodamina B estão ligados a um quimiossensor fluorescente à base de fluoresceína e a um indicador "a olho nu" (**23**) através de grupos hidrazida. Foi criado e fabricado para detetar Hg^{2+} com extrema sensibilidade e seletividade. O dador de energia de fluoresceína e os receptores de rodamina B abertos em anel foram ligados ao sistema sensor através do mecanismo FRET. Tanto a amplificação da fluorescência como uma mudança cromogénica (de monocromático para rosa) foram indicativas da ligação ao Hg^{2+} . Foi demonstrado que o sensor pode distinguir entre diferentes iões metálicos estranhos, com um limite de deteção de $2{,}02 \times 10^{-8}$ M para o Hg^{2+} (**Figura 13a**) [42]. A síntese de um conjugado à base de hidrazona de fluoresceína (**24**) envolve o acoplamento da hidrazida de fluoresceína com 2-(piridina-2-ilmetoxi)-naftaleno-1-carbaldeído. Pode ser caracterizado utilizando uma variedade de métodos espectroscópicos, incluindo IR,^{1} H,^{13} C-NMR e ESI-MS. Em comparação com outros iões metálicos, demonstrou um elevado grau de sensibilidade e seletividade para iões perigosos de Hg^{2+} no meio semi-aquoso. Nomeadamente, verificou-se que a emissão de fluorescência centrada em 520 nm foi significativamente aumentada devido à abertura do anel da molécula de espirolactama na estrutura da fluoresceína provocada pelo Hg^{2+} . A constante de ligação do Hg^{2+} foi determinada como sendo $(0{,}43 \pm 0{,}04) \times 10^{4}\ M^{-1}$ com limites de deteção de 1,24 μM. A ligação 1:1 do Hg^{2+} foi estabelecida utilizando a técnica de Job e validada por testes ESI-MS. Devido a uma maior força de ligação entre Hg^{2+} e S^{2-} , S^{2-} agarrou o Hg^{2+} no complexo, extinguindo a intensidade da fluorescência. As experiências DFT estabeleceram o ambiente coordenado putativo no complexo Hg^{+} . Os instrumentos com funções de porta lógica podem utilizar o modo de fluorescência "OFF-ON-OFF", que foi estudado no caso do Hg^{2+} e do S^{2-} . Além disso, apresentam pouca citotoxicidade e biocompatibilidade, o que os torna adequados para a visualização celular fluorescente de iões Hg^{2+} em células HepG2 vivas (**Figura 13b**) [43].

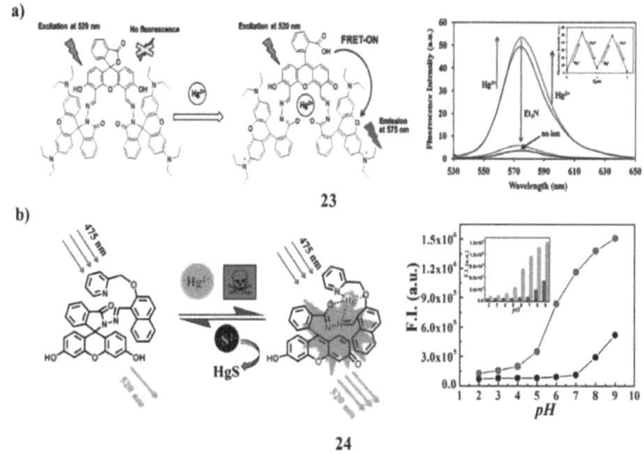

Figura 13. a). Estudos FRET do quimiossensor fluorescente de Hg^{2+} (**23**). b). Estudos de imagem celular do quimiossensor de Hg baseado em fluoresceína^{2+} (**24**).

O sensor fluorescente de Hg^{2+} baseado em fluoresceína (**25**) que utiliza EDPMA como recetor foi criado e utilizado para obter imagens de Hg^{2+} em células vivas. Apresenta uma boa seletividade e reatividade para detetar Hg^{2+} com um aumento de 51 vezes em solução aquosa, e exibe uma banda de emissão de fluoresceína caraterística a 539 nm (**Figura 14a**) [44]. Foi investigada a síntese de um novo derivado simétrico de diarileteno (**26**) com uma unidade de fluoresceína e a sua potencial utilização como sonda fluorescente para a identificação de iões metálicos em materiais biológicos, industriais e ambientais. A estequiometria de ligação 1:1 mostrou reacções colorimétricas e de fluorescência extremamente sensíveis e selectivas em relação ao Hg^{2+} . Quando o Hg^{2+} estava presente, a intensidade de fluorescência do derivado aumentou visivelmente, passando de 550 nm para 504 nm. Além disso, demonstrou vários padrões de transição regulados em resposta a estímulos químicos e luminosos. Foi construída uma função de porta lógica combinacional utilizando a intensidade da fluorescência a 504 nm como saída e a luz e a estimulação química como entradas, com base nos comportamentos de comutação da fluorescência que eram "OFF-ON- OFF" (**Figura 14b**) [45].

a)

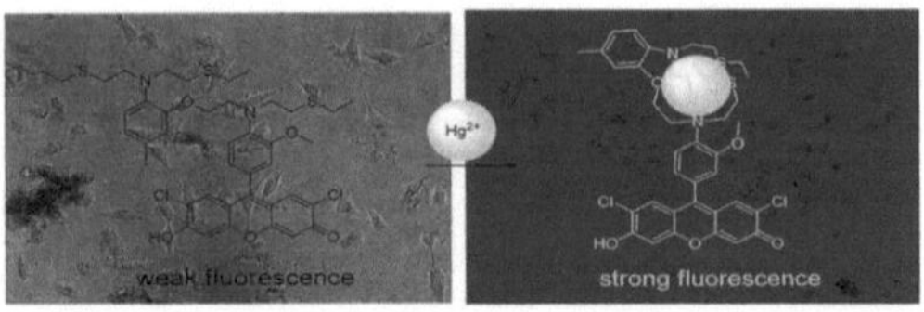

25

b)

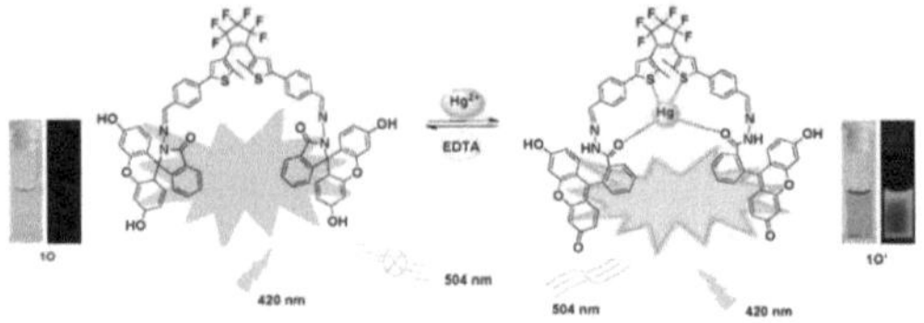

26

Figura 14. a). Imagem de células vivas de um sensor fluorescente à base de fluoresceína (**25**). b). Estudo fotofísico do quimiossensor de Hg^{2+} ligado a diarileteno com fluoresceína (**26**).

A sonda de fluorescência hidrazida de fluoresceína (**27**) foi criada especificamente para o método de ensaio de fluorescência de deteção de mercúrio. Quando os iões Hg^{2+} estavam presentes, a sonda era extremamente luminescente e de cor verde, mas era incolor e não fluorescente nos outros casos. Em condições de tampão de pH 12, é muito selectiva para os iões Hg^{2+} . Durante o exame fluorimétrico dos iões Hg^{2+} , nenhum outro ião causou qualquer interferência. O comprimento de onda de excitação para o teste de fluorescência foi de 502 nm, enquanto o comprimento de onda de emissão foi de 520 nm. A quantidade de iões Hg^{2+} presentes na solução de teste é proporcional ao comprimento de onda de emissão, que é medido a 520 nm. As amostras de baterias de chumbo-ácido foram submetidas com êxito à especiação de mercúrio utilizando o procedimento de ensaio de fluorescência estabelecido, que utilizou hidrazida de fluoresceína como sonda fluorescente (**Figura 15a**) [46]. Foi criado e fabricado um novo sensor fluorescente (**28**) como fluoro-ionóforo para a deteção ocular e visual de Hg^{2+} numa solução aquosa tamponada. Baseia-se no esqueleto cíclico da fluoresceína ditiocíclica. Na sua preparação foram utilizadas a alquilação, a hidrólise de ésteres, a produção de imina, a redução de imina e a oxidação de Kornblum. Foi demonstrado que o sensor podia distinguir entre diferentes iões metálicos interferentes e oferecia uma deteção de fluorescência ON-OFF altamente sensível e selectiva para o Hg^{2+} .

a)

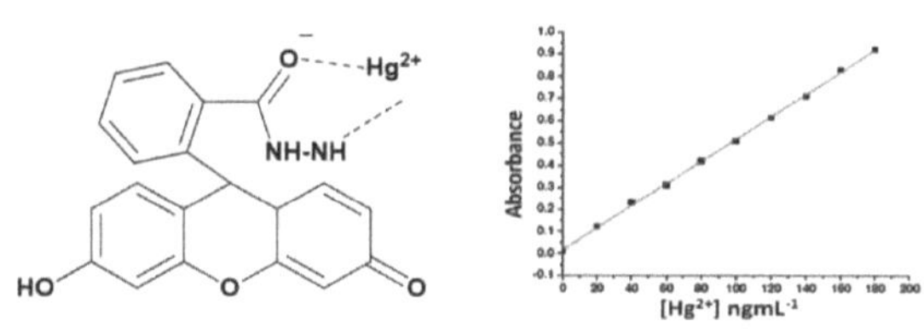

27

b)

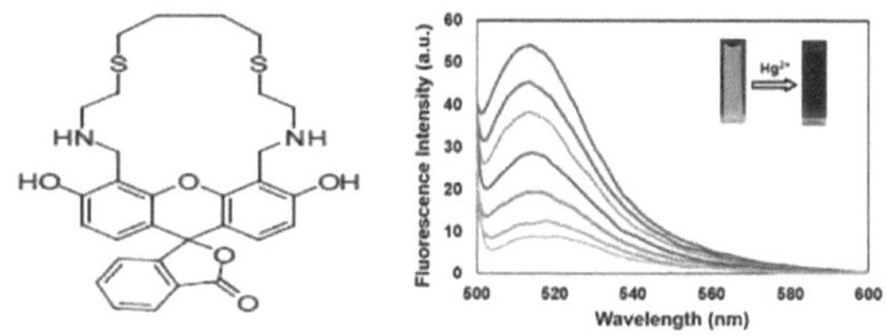

28

Figura 15. a). Estudo de fluorescência do sensor de mercúrio à base de hidrazida de fluoresceína (**27**). b). Bioestudo da fluoresceína ditiocíclica Hg^{2+} -chemosensor (**28**).

Além disso, demonstraram uma alteração cromogénica ao aderir ao Hg^{2+} , actuando como uma indicação "visual-olho" que era discernível por uma mudança discernível na tonalidade da solução de amarelo para laranja. O limite de deteção de Hg do sensor^{2+} era de $7{,}38 \times 10^{-9}$, ou 1,48 ppb, que era inferior à quantidade que a Agência de Proteção Ambiental dos EUA permitia estar presente na água potável (**Figura 15b**) [47].

É apresentado um sensor emissor de vermelho para iões de mercúrio, juntamente com a sua síntese, caraterísticas fotofísicas e ligação de Hg(II). O sensor de mercúrio (**29**, MS5) utiliza uma unidade de ligação a metais rica em tioéteres, que se baseia no cromóforo seminaftofluoresceína. Este sensor permite a deteção de Hg(II) numa solução aquosa tanto no modo de ativação como no modo ratiométrico de dupla emissão com excitação única. Tem uma resposta de fluorescência específica para Hg(II) e é seletivo para Hg(II) em relação a metais alcalinos e alcalino-terrosos, principalmente iões de metais de transição divalentes da primeira fila. O MS5 amigo da reciclagem liga-se ao mercúrio (II) de forma reversível. O limiar de deteção mais modesto de 50 nM é alcançado utilizando uma sonda de 500 nM, enquanto o EC50 para 1μM de MS5 é de 910 nM. Além disso, são apresentadas experiências de cristalografia de raios X que utilizam um modelo de estrutura baseado em salicilaldeído para o MS5. A investigação em amostras de água natural contaminadas com sais de mercúrio mostra que o MS5 é capaz de identificar rapidamente o Hg(II) nestas soluções complicadas, indicando a sua possível utilização em aplicações no terreno (**Figura 16a**) [48]. Foram desenvolvidas e examinadas as caraterísticas de deteção de catiões de um recetor colorimétrico simples e de fluorescência ligada FT (**30**). Numa solução de DMSO/H_2 O, o recetor FT ligou-se ao Hg^{2+} e mudou de cor de forma selectiva. A constante de associação do complexo FT-Hg^{2+} foi determinada como sendo 3,03 × 10^9 M^{-1} , e o limite de deteção do Hg^{2+} foi descoberto como sendo 0,24 ppm (**Figura 16b**) [49].

a)

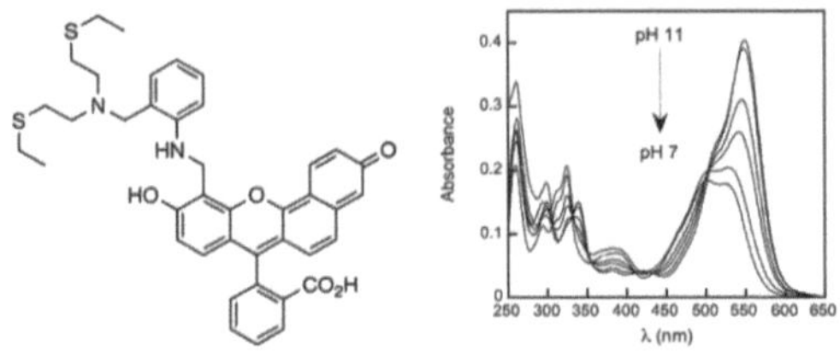

b) **29**

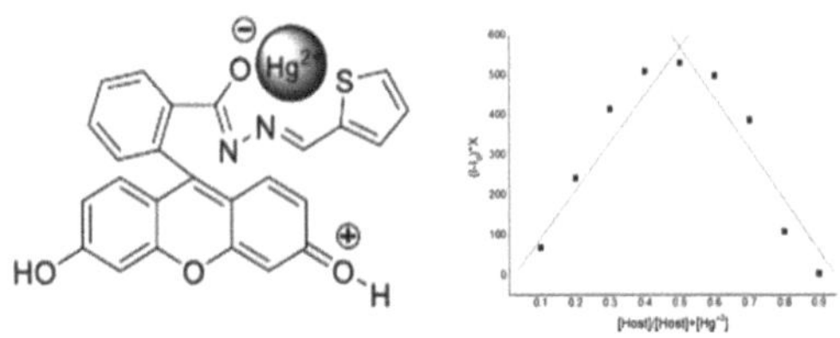

30

Figura 16. a). Propriedades fotofísicas do sensor de mercúrio seminaftofluoresceína (**29**). b). Estudo fotofísico do derivado de fluoresceína-hidrazona à base de tiofeno para o quimiossensor de Hg^{2+} (**30**).

Os sensores de mercúrio (II) baseados em fluoresceína funcionam com base num mecanismo de extinção de fluorescência, em que a presença de iões Hg^{2+} conduz a uma diminuição significativa da emissão de fluorescência devido à interação entre os iões e o corante de fluoresceína. Este efeito de extinção resulta da formação de um complexo que perturba as propriedades de fluorescência do corante. As vantagens incluem uma elevada sensibilidade e seletividade em relação aos iões de mercúrio, juntamente com uma conceção de sensor relativamente simples. No entanto, as limitações envolvem a interferência potencial de outros iões metálicos e a estabilidade limitada em diversas condições ambientais. Em aplicações do mundo real, como a monitorização da qualidade da água habilitada para IoT e dispositivos vestíveis para segurança ambiental, estes sensores fornecem uma deteção valiosa e em tempo real da contaminação por mercúrio, melhorando a gestão da saúde pública e da segurança. Os estudos de caso destacam a sua utilização em sistemas de monitorização ambiental, demonstrando a sua eficácia na deteção de níveis vestigiais de mercúrio em águas industriais e naturais.

5. SENSOR DE MERCÚRIO À BASE DE PIRENO (Hg)$^{2+}$

Foi fabricado com sucesso um sensor para iões de mercúrio (Hg^{2+}), utilizando um transístor de película fina orgânica (OTFT) de contacto superior de porta inferior. O pireno, que inclui um grupo tiol com uma afinidade significativa pelos iões Hg^{2+} , foi utilizado para funcionalizar a região do canal do OTFT. O sensor OTFT (**31**) apresentou uma mobilidade de carga de 0,28 cm^2 V^{-1} s^{-1} , uma tensão de limiar de -

22,3 V, e um rácio de ativação/desativação de 10^3 . Em comparação com os outros dois iões metálicos de valência, o sensor apresenta uma forte seletividade para iões Hg^{2+} . Ao ser submetido a várias concentrações de iões Hg^{2+} , variando de 1 mM a 0,01 μM, o sensor OTFT demonstrou uma elevada sensibilidade aos iões Hg^{2+} , como evidenciado por um aumento da corrente de drenagem. Além disso, o significado prático do sensor OTFT foi demonstrado pela sua capacidade de detetar a presença de 25 μM de iões Hg^{2+} em amostras da torneira, de bebidas e do oceano (**Figura 17a**) [50]. O Hg^{2+} foi detectado através da síntese de um novo quimiossensor de fluorescência de ligação de comprimento de onda longo (**32**, CS) baseado em pireno. Este pode detetar eficazmente o Hg^{2+} e gerar a emissão de fluorescência de ativação a 607 nm na presença de outros iões metálicos. Além disso, verificou-se um desvio para o vermelho nos espectros de absorção. No entanto, a olho nu, foi possível observar imediatamente a mudança de cor da solução de amarelo para laranja. O gráfico de trabalho, os resultados da espetrometria de massa com ionização por electrospray, a microscopia com electrões de varrimento e os cálculos utilizando a teoria do funcional da densidade apoiaram a ligação entre o CS e o Hg^{2+} . Descobriu-se que a adição de I^- à solução de CS e Hg^{2+} pode fazer com que a fluorescência do CS seja reversível. O CS demonstrou uma excelente sensibilidade e uma grande seletividade para o Hg^{2+} , com um limite de deteção de 36 nm. Além disso, o CS pode ser utilizado para detetar Hg^{2+} utilizando placas de gel de sílica e tiras de teste (**Figura 17b**) [51].

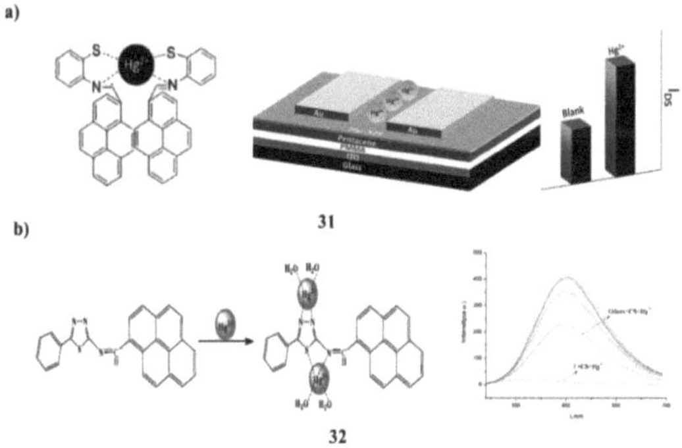

Figura 17. a). Estudo de ambientes aquáticos do sensor de Hg^{2+} funcionalizado com Pyrene-SH (**31**). b). Estudo fotofísico do pireno Hg^{2+} Fluorescent Chemosensors (**32**).

Foi produzido um novo derivado de bispirenil azadieno (**33**) que apresenta reconhecimento catiónico em relação a catiões distintos. Os iões Hg^{2+} são fortemente preferidos pelo ligando em relação a outros catiões. A presença simultânea de iões Hg^{2+} foi associada a uma atividade de fluorescência do tipo "OFF-ON". Além disso, foi criado um elétrodo seletivo de iões (ISE), que apresenta uma seletividade superior para o Hg^{2+} em comparação com todos os outros catiões testados. O limite inferior de deteção é de 7,08 x 10^{-6} M (**Figura 18a**) [52]. Foi sintetizado um material híbrido quimiossensor fluorescente (**34**, Py- SBA-15) para detetar iões Hg^{2+} na água através da funcionalização de sílica mesoporosa (SBA-15) com um cromóforo fluorescente modificado, 1-(4-hidroxifenil)-4-pirenil-2,3- diaza-1,3-butadieno (Py-OH). O material híbrido mesoporoso foi preparado utilizando Py-OH como precursor, que foi ligado covalentemente ao agente de acoplamento 3-(trietoxissilil)propilisocianato (TESPIC). Foi preparada uma substância híbrida mesoporosa utilizando Py-OH ligado covalentemente a 3-(trietoxissilil)propilisocianato (TESPIC) como substrato. As medições XRD e as imagens TEM do Py-SBA-15 atestam a preservação da estrutura mesoporosa hexagonalmente estruturada após a integração. Devido a um aumento significativo da fluorescência causado pela incorporação de iões de mercúrio durante o processo de suspensão do Py-SBA-15.

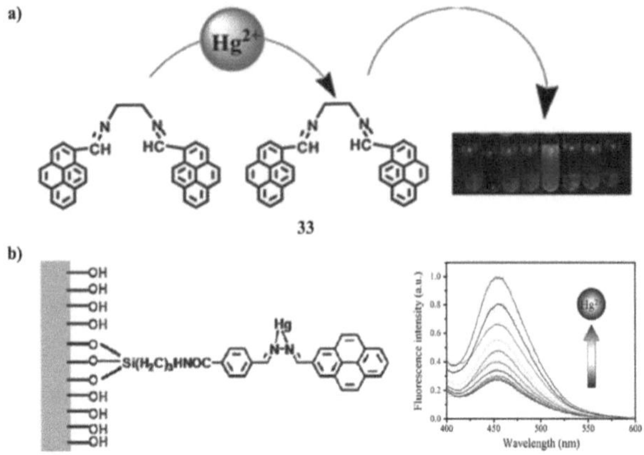

34

Figura 18. a). Fotografia das alterações de emissão do quimiossensor de mercúrio derivado do bispirenil (**33**). b). Mecanismo do sensor Py-SBA-15 para iões Hg^{2+} (**34**).

Na presença de outros iões metálicos, apresenta uma preferência notável pelos iões Hg^{2+} . A intensidade de fluorescência do Py-SBA-15 e a concentração de Hg^{2+} na solução estão positivamente correlacionadas (R2 = 0,9989) com um limite de deteção razoável de $1,7 \times 10^{-7}$ g mL^{-1} . Mais notavelmente, tem uma forte capacidade de regeneração porque a técnica de ligação covalente reduz significativamente o impacto da dissolução das moléculas de deteção. De acordo com os resultados desta investigação, este material híbrido pode ser um quimiossensor de fluorescência útil para identificar iões Hg^{2+} (**Figura 18b**) [53].

O objetivo de um sensor de fluorescência ratiométrico (**35**) era identificar biotisóis na água e noutros materiais biológicos, como o soro e a urina. Os biotóis afectavam a associação e a reagregação induzidas pela complexação dos iões mercúrio e dos iões pirenotimina, que por sua vez regulavam as variações na emissão monómero-excímero do sensor. (**Figura 19a**) [54].

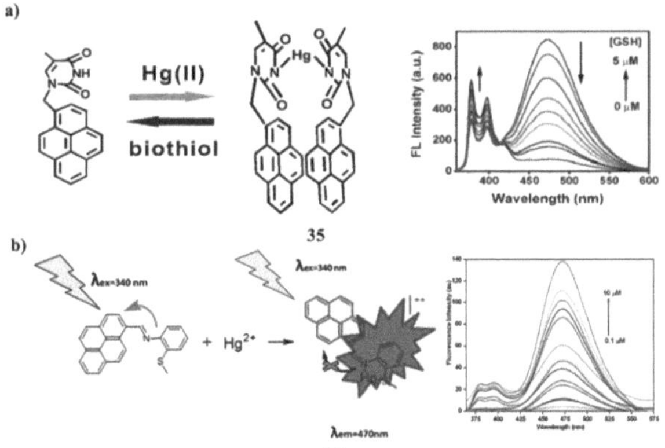

35

36

Figura 19. a). Estudos de fluorescência do sensor de Hg^{2+} baseado em pireno-biotisóis (**35**). b). Estudos de microscopia confocal do quimiossensor de Hg^{2+} baseado em pireno (**36**).

Um novo tipo de quimiossensor fluorescente "ligado" baseado no pireno (**36**) mostrou um aumento significativo da intensidade de fluorescência quando estavam presentes iões Hg^{2+} e uma seletividade excecional para iões Hg^{2+} numa vasta gama de iões metálicos em acetonitrilo aquoso. Apresenta um aumento de 12 vezes na fluorescência em relação ao Hg^{2+} , demonstrando a sua seletividade e sensibilidade. A adição de iões Hg^{2+} à sonda provocou uma mudança de cor aparente que foi percetível a olho nu quando exposta à luz UV. A sua sensibilidade in vitro ao Hg^{2+} em células de candida albicans foi determinada utilizando microscopia confocal (**Figura 19b**) [55]. Foi utilizado um procedimento "one-pot" para criar o derivado de base de Schiff contendo tiol livre com base em pireno (**37**). É utilizado em conjunto com a imagiologia de células vivas como uma sonda de ativação da fluorescência para a deteção de iões Hg^{2+} . Demonstrou a resposta de ativação da fluorescência à presença de iões Hg^{2+} através da produção de excímeros PT1-PT1* e da fluorescência reforçada por quelação (CHEF). A estequiometria 2:1 do complexo sensor foi determinada utilizando titulações de absorção UV-Vis e o gráfico resultante. Além disso, os locais de ligação do complexo sensor foram confirmados através da análise da massa ESI, da inversão da fluorescência de PT1+Hg^{2+} após a adição de iões Hg^{2+} e EDTA, e das titulações^{1} H NMR. As concentrações do limite de deteção (LOD) e da constante de associação (Ka) do complexo Hg^{2+} foram determinadas utilizando o desvio padrão e os ajustes quadráticos, bem como o gráfico Benesi-Hildebrand 15, em conformidade. Para o sistema sensor PT1+Hg^{2+} , foram efectuadas investigações adicionais sobre o rendimento quântico (Φ), o efeito do pH, as variações da constante de decaimento da fotoluminescência resolvida no tempo (TRPL) (τ) e a teoria do funcional da densidade (DFT). Crucialmente, a utilidade do PT1 como sonda fluorescente para detetar Hg^{2+} em células vivas foi demonstrada por imagens de microscopia de fluorescência estéreo em células Hela (**Figura 20a**) [56]. Foram criados e sintetizados, num curto espaço de tempo, vários quimiossensores (**38**) baseados em pireno-funcionalizados com base em ciclotrifosfazeno, com numerosos locais de ligação, utilizando métodos de reação simples, com excelentes resultados. Foram utilizadas espectroscopias UV/Vis e de fluorescência para examinar os seus comportamentos de deteção de iões Hg^{2+} . Mostrou uma clara seletividade e sensibilidade com limites de deteção até 50 nM, o que é suficiente quando comparado com outras técnicas existentes para a identificação de iões de mercúrio. Um aumento visível, proporcional e "TURN-ON" da emissão foi visível a olho nu como resultado dos seus efeitos combinados de fluorescência reforçada por quelação (CHEF), isomerização C=N e formação intramolecular de excímeros de pireno devido às interações não covalentes de empilhamento π-π e CH-π. Podem também ser utilizados para detetar Hg^{2+} em células vivas, uma vez que demonstraram não ter efeito letal nas células cancerosas HeLa. Comparando as capacidades de deteção de Hg^{2+} dos quimiossensores com três sítios de ligação, demonstrou-se que eram substancialmente mais sensíveis e capazes de visualizar o mercúrio (II) do que os comparáveis com um ou dois sítios.

a)

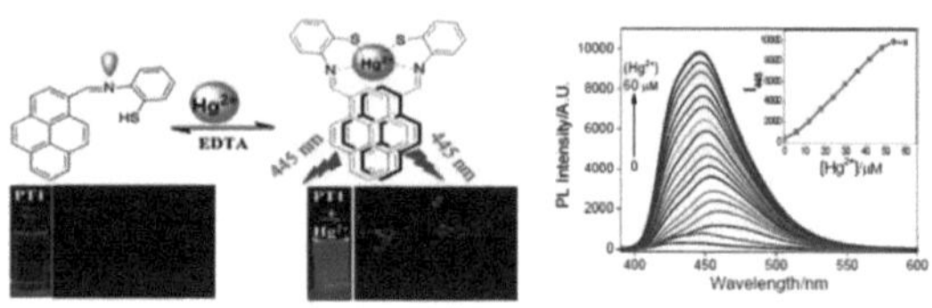

37

b)

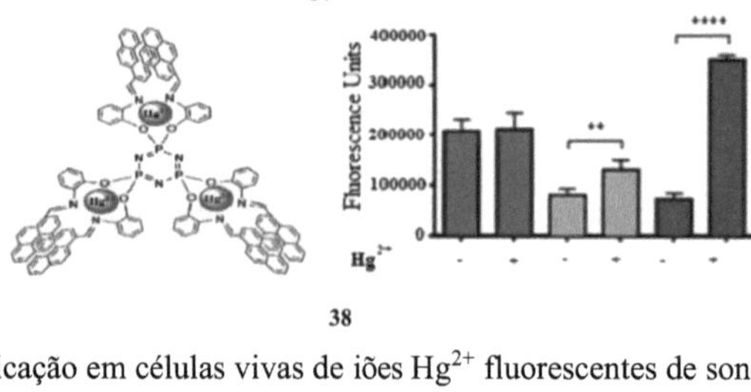

38

Figura 20 a). Aplicação em células vivas de iões Hg^{2+} fluorescentes de sondas de base de Schiff à base de pireno

(**37**). b). Imagiologia de células vivas de quimiossensores de Hg(II) baseados em pirenil-ciclotrifosfazenos (**38**).

Os resultados mostram que a crescente capacidade dos quimiossensores moleculares para se ligarem a metais aumentou a sua sensibilidade de deteção de fluorescência. Esta descoberta pode ser aplicada a diferentes sistemas moleculares para desenvolver formas criativas de aumentar a eficiência dos quimiossensores (**Figura 20b**) [57]. A espetroscopia UV-vis, de fluorescência e de RMN foi utilizada para desenvolver, sintetizar e testar novos receptores reversíveis à base de terfenilo (**39**), utilizando pireno e quinolina como fluoróforos para o reconhecimento de diferentes catiões. Os receptores construídos demonstraram o comportamento de sinalização de fluorescência "Off-On" para iões Hg^{2+} em THF e ambientes aquosos mistos, que é extremamente sensível e seletivo (**Figura 21a**) [58]. Uma sonda fluorogénica de pireno-amino mercaptothiadiazole (**40**, PYAMT) é utilizada para determinar o Hg^{2+} em amostras de água com aplicações de bioimagem em células vivas. Este método é muito seletivo e sensível. Apresenta três máximos de emissão a 378, 388 e 397 nm (λ_{ex} = 348 nm) e um trio de picos de absorvância a 333, 348 e 394 nm. Quando se adicionou 2,5 μM de ião Hg^{2+} ao CH_3 CN: H_2 O, este apresentou uma forte atenuação da fluorescência (96%) com I/I_0 = 0,051, embora a sua fluorescência não se tenha alterado quando estavam presentes outros iões metálicos. A ação do átomo pesado do ião Hg^{2+} seguida da transferência de electrões é responsável pelo fenómeno de extinção. Com um limiar de deteção de apenas 0,35 nM (S/N=3), a intensidade da fluorescência diminuiu linearmente numa gama expansiva entre 100 nM e 2,5 μM de Hg^{2+} (R2 = 0,9937). O rácio de equilíbrio da interação PYAMT-Hg^{2+} é demonstrado como sendo 1:1 através de estudos DFT e de fluorescência. Para um processo OFF-ON, o detetor pode detetar reversivelmente a cisteína, que tem uma elevada constante de associação com o ião Hg^{2+} , aproximadamente $9{,}08 \times 10^5$ M^{-1} . Por último, a abordagem sugerida é utilizada eficazmente para identificar iões Hg^{2+} em amostras de água reais e em investigações de bioimagem envolvendo células vivas ((**Figura 21b**) [59].

a)

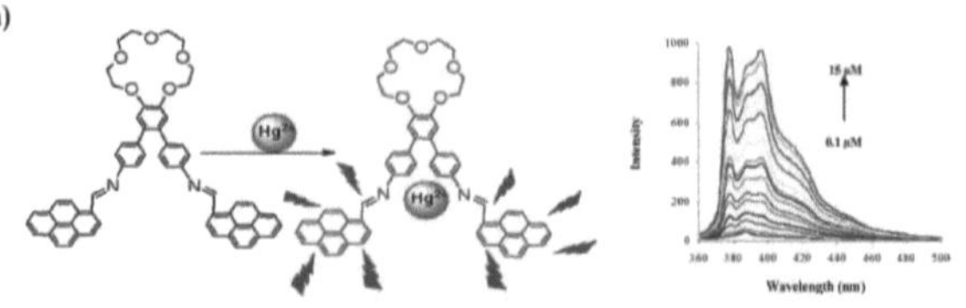

39

b)

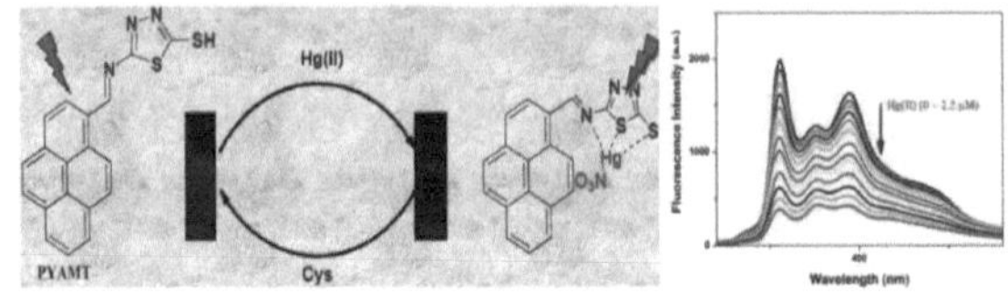

40

Figura 21. a). Resposta de fluorescência de derivados de terfenil de sensores fluorescentes (**39**). b). Estudos de bioimagem de um sensor de Hg baseado em pireno-amino mercaptothiadiazole^{2+} (**40**).

Foi criada uma nova sonda fluorescente feita a partir de produtos à base de pireno (**41**) com caraterísticas de emissão induzida por agregação (AIE). Foi identificada por RMN, SEM, UV-vis, fluorescência e outros métodos. Quando comparada com outros iões metálicos no solvente H_2 O/DMF, mostrou grande sensibilidade e seletividade para o Hg^{2+} com um limite de deteção de $4,2 \times 10^{-7}$ M. A combinação sonda - Hg^{2+} foi produzida com uma síntese 2:1 com uma dose adicional de Hg^{2+} . Além disso, a sonda apresentou uma elevada produção de fluorescência e uma citotoxicidade extremamente mínima em células vivas. Isto demonstrou as aplicações prospectivas da sonda para a deteção de Hg^{2+} tanto em organismos ambientais como vivos (**Figura 22a**) [60]. Através da pós-funcionalização de um criogel macroporoso à base de poliacrilamida, adicionando um componente de pireno, foi criado um criogel fluorescente de deteção de iões (**42**, PAAm-Pyr) praticamente recuperável. O sensor tem uma seletividade notável para o Hg^{2+} , mesmo na presença de iões metálicos opostos na água purificada, e pode detetar concentrações de Hg^{2+} tão baixas como 2 ppb em soluções aquosas. O sensor criado pode ser limpo com água pura e utilizado repetidamente (**Figura 22b**) [61].

a)

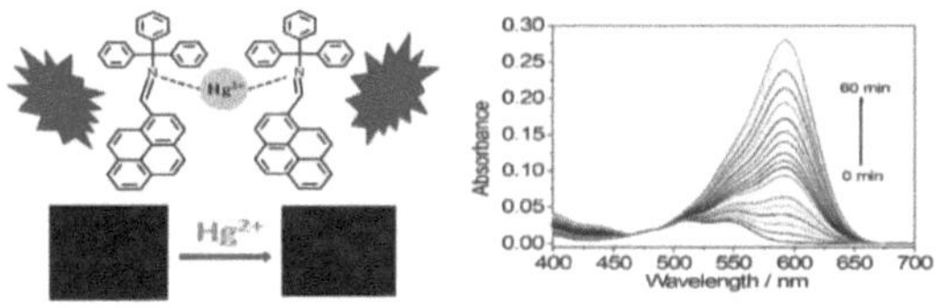

41

b)

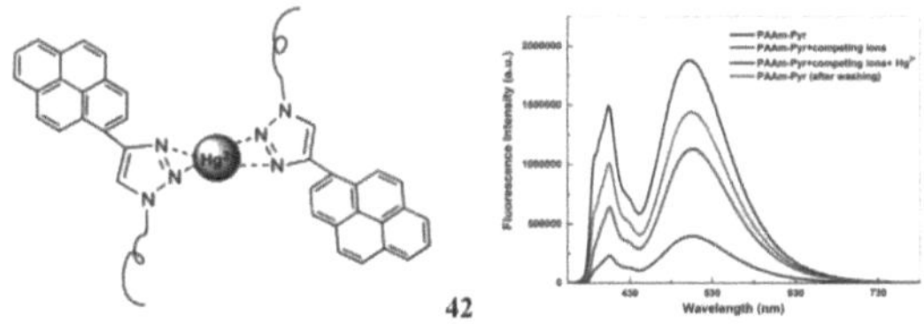

42

Figura 22. a). Estudo AIE da sonda fluorescente de Hg^{2+} à base de pireno (**41**). b). Supressão da fluorescência do sensor de mercúrio (II) à base de pireno-poliacrilamida (**42**).

Foi observada a extinção da fluorescência em três novos derivados de pireno (**43**) que incluíam duas unidades de triazol quando expostos a iões Hg^{2+} . Descobriu-se que as combinações quimiossensor-Hg^{2+} tinham constantes de ligação (Ka) de $1{,}68 \times 10^3\ M^{-1}$, $1{,}57 \times 10^3\ M^{-1}$ e $1{,}52 \times 10^3\ M^{-1}$, por esta ordem. Além disso, estudos utilizando microscopia de fluorescência demonstraram a eficácia de uma sonda fluorescente na identificação de Hg^{2+} em células vivas (**Figura 23a**) [62]. Um novo derivado de calixareno (**44**) com dois fluoróforos de pireno e rodamina ligados na conformação 1,3-alternativa foi criado como um sensor seletivo de iões Hg^{2+} . O sensor depende do acoplamento FRET da absorvância da rodamina aberta em anel após a associação do ião Hg^{2+} às emissões de excímeros de pireno. Utilizando a FRET com uma excitação a 343 nm, a adição de um pouco de Hg^{2+} a uma solução combinada de sensor resultou num aumento notável da fluorescência a cerca de 576 nm. Descobriram que as interações π-π intramoleculares produzem bandas FRET mais fortes do que as interações π-π entre moléculas (**Figura 23b**) [63].

a)

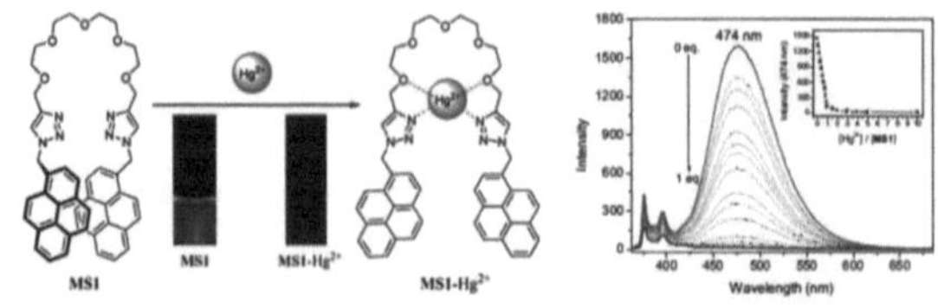

43

b)

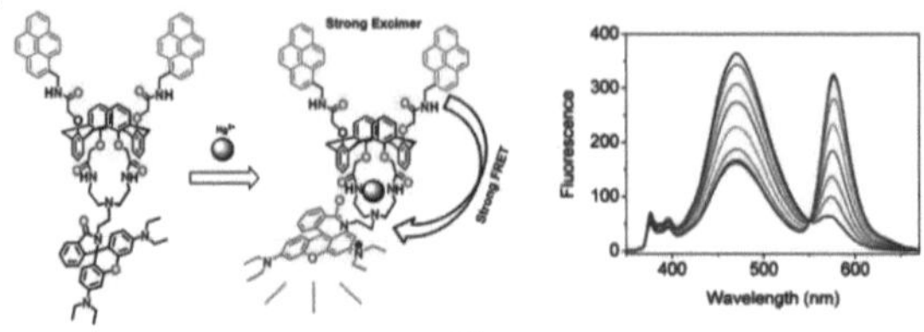

44

Figura 23. a). Estudo de fluorescência de sensores fluorescentes à base de pireno-triazol (**43**). b). Estudo FRET de um quimiossensor de calixareno baseado em excímero de pireno (**44**).

Foi desenvolvido um novo derivado de pireno com um grupo azadieno como quimiossensor ratiométrico (**45**) para o mercúrio numa solução aquosa de acetonitrilo. O comportamento de sinalização do tipo "OFF-ON" dos fluoroionóforos é causado por alterações conformacionais provocadas por i õ e s metálicos, que aumentam a emissão do excímero forte do pireno a partir do monómero fraco do pireno (**Figura 24**) [64].

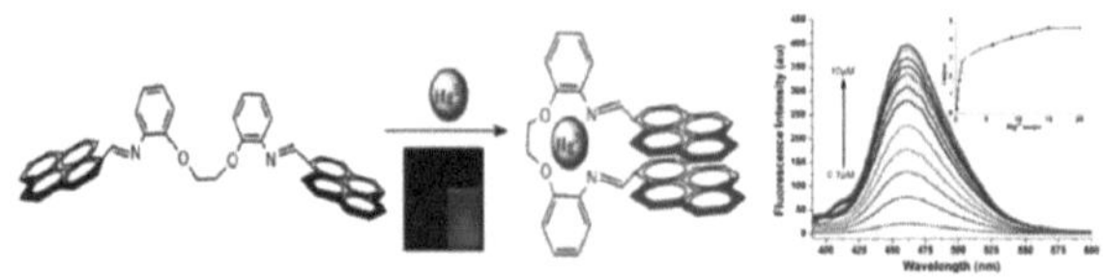

45

Figura 24. Estudo ratiométrico do quimiossensor de Hg baseado em azadieno-pireno^{2+} (**45**).

Os sensores de mercúrio (II) à base de pireno utilizam as propriedades fotofísicas únicas do pireno, que apresentam alterações significativas da fluorescência após interação com iões de mercúrio. O mecanismo de deteção envolve frequentemente a atenuação da fluorescência do pireno devido à formação de um complexo entre os derivados do pireno e os iões de mercúrio. Esta interação resulta numa redução mensurável da intensidade da fluorescência, permitindo uma deteção sensível. As vantagens incluem elevada sensibilidade, seletividade e potencial para monitorização em tempo real. As limitações envolvem a fotobranqueamento e a estabilidade ambiental. Em aplicações práticas, esses sensores são integrados em dispositivos IoT e vestíveis para monitorização ambiental e diagnóstico de saúde. Por exemplo, os sensores à base de pireno foram implantados em dispositivos portáteis para detetar a contaminação por mercúrio na água e no ar, demonstrando a sua eficácia em cenários do mundo real.

6. SENSOR DE MERCÚRIO (Hg^{2+}) BASEADO EM QUINOLINA

Foi criado e produzido um novo quimiossensor à base de quinolina (**46**). A sua capacidade para ligar iões metálicos foi demonstrada tanto em soluções aquosas como orgânicas. No entanto, os quimiossensores identificam iões Hg^{2+} ($K_a = 2{,}15 \times 10^4\ M^{-1}$) apresentando um desvio ratiométrico na emissão CHCl /CH33 OH. Em comparação com os outros iões metálicos analisados, demonstra uma maior seletividade para iões Hg^{2+} ($K_a = 9{,}20 \times 10^3\ M^{-1}$) (**Figura 25a**) [65]. Foi concebido e fabricado um novo quimiossensor fluorescente de mercúrio sem enxofre (**47**). Utiliza os grupos quinolina e benzimidazol como grupos de sinal de fluorescência. As variações espectroscópicas de fluorescência na solução H_2 O/DMSO permitiram que o local de ligação reconhecesse o catião Hg^{2+} com excelente sensibilidade e especificidade. As cores de fluorescência do sensor contendo a solução mudaram drasticamente de azul para incolor pouco depois de o Hg^{2+} ter sido adicionado ao meio aquoso, enquanto outros catiões não causaram alterações significativas de cor. Investigações adicionais mostram ainda que o limite de deteção do sensor para a resposta de fluorescência ao Hg^{2+} é de $9{,}56 \times 10^{-9}$ M, muito abaixo da quantidade permitida pela EPA de mercúrio na água potável de 0,01 M. As tiras de teste baseadas em ligandos foram criadas para servirem como kits de teste práticos e eficazes de Hg^{2+} . Por conseguinte, a sonda deverá ser útil para a deteção de mercúrio num ambiente aquático (**Figura 25b**) [66].

a)

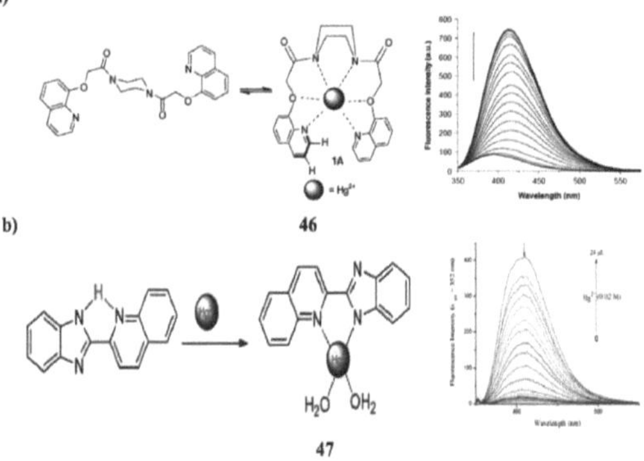

47

Figura 25. a). Deteção ratiométrica do quimiossensor de Hg baseado em quinolina^{2+} (**46**). b). Espectros de fluorescência do quimiossensor de Hg baseado em benzimidazol-quinolina^{2+} (**47**).

Foi concluída a síntese e caraterização de um sensor de fluorescência solúvel em água baseado no 2-(2- (8-hidroxiquinolina)-il)benzimidazol (**48**). Em solução aquosa tamponada, apresenta uma deteção extremamente selectiva e sensível do Hg^{2+} com uma resposta de fluorescência "ON-OFF". As moléculas de azoto e de oxigénio da 8-hidroxiquinolina e o átomo de imina N da unidade de benzimidazol ligam o Hg^{2+} através de uma estequiometria de ligação 1:1, de acordo com a análise estrutural de raios X do complexo Hg^{2+} . As análises de química quântica examinam qualitativamente o funcionamento da paragem da fluorescência e demonstram que a transferência de carga ligando o metal (LMCT) no estado de excitação é a origem dos fenómenos (**Figura 26a**) [67].

a)

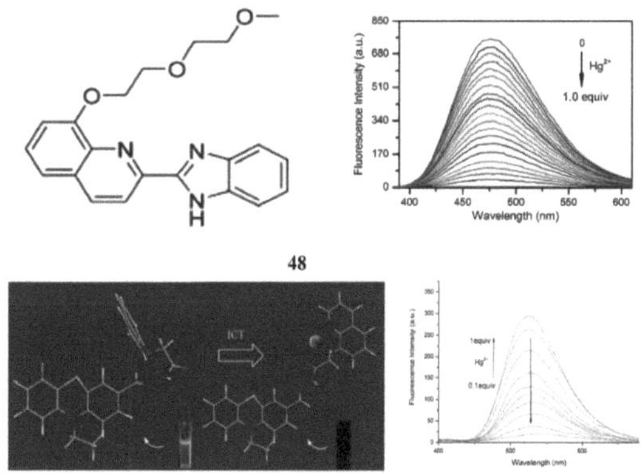

48

b)

49

Figura 26. a). Estudo da transferência de carga ligando-o-metal do sensor fluorescente de Hg baseado em quinolina-benzimidazol^{2+} (**48**). b). Estudo em células vivas do sensor fluorescente à base de fenotiazina (**49**).

O objetivo deste estudo era conceber e sintetizar um novo derivado à base de fenotiazina (**49**). Como resultado do desenvolvimento de um complexo metal-ligando 1:1, esta molécula mostrou uma extinção considerável da fluorescência após a introdução de Hg^{2+} . A sua sensibilidade excecional ao Hg (II) foi acompanhada de um tempo de reação rápido e de uma boa seletividade para o Hg^{2+} em relação a outros iões de metais de transição. Simultaneamente, a experiência de imagiologia celular demonstrou a importância do sensor na visualização fluorescente do Hg^{2+} em sistemas biológicos (**Figura 26b**) [68].

Foi desenvolvido um quimiossensor derivado de benzotiazóis (**50**) utilizando o mecanismo de transferência de protões de estado excitado (ESIPT). Diferencia o Hg^{2+} de uma gama de iões metálicos fisiologicamente significativos e de iões de metais pesados perigosos, provocando uma resposta de ativação da fluorescência apenas na presença de iões Hg^{2+} . Com um limite de deteção tão baixo como 0,11μM, demonstra uma excelente sensibilidade. Cálculos baseados em teorias que empregam a teoria das funções de densidade, análises espectrais ESI-MS e^{1} H NMR titulações indicam a ligação do metal. Nas células HeLa, mostra a permeabilidade e a eficácia da sua membrana celular para as detecções de Hg^{2+} (**Figura 27a**) [69]. Foi desenvolvido e sintetizado um novo quimiossensor colorimétrico e fluorescente "ON- OFF" 1O (**51**) baseado num diarileteno fotocrómico com uma unidade de quinolina. Em acetonitrilo, o quimiossensor 1O mostrou sensibilidade e deteção selectiva do ião Hg^{2+} mesmo numa atmosfera de iões metálicos concorrentes. A razão estequiométrica do detetor 1O para o Hg^{2+} foi de 1:1 e o limite de deteção da sonda 1O para o Hg^{2+} foi calculado em 56,3 nM. Além disso, foi construído com sucesso um circuito lógico molecular com comportamento reativo a metais e reativo à luz UV/vis com 4 entradas e uma saída. O comportamento de ligação entre 1O e Hg^{2+} é confirmado por testes de titulação de RMN de^{1} H, análise do gráfico de Job e espetroscopia ESI-MS (**Figura 27b**) [70].

a)

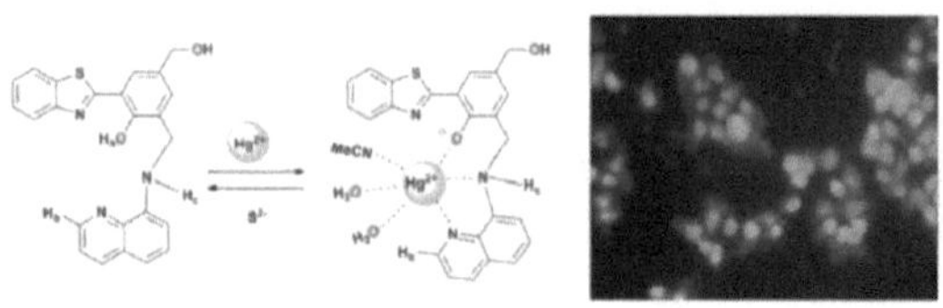

b)

50

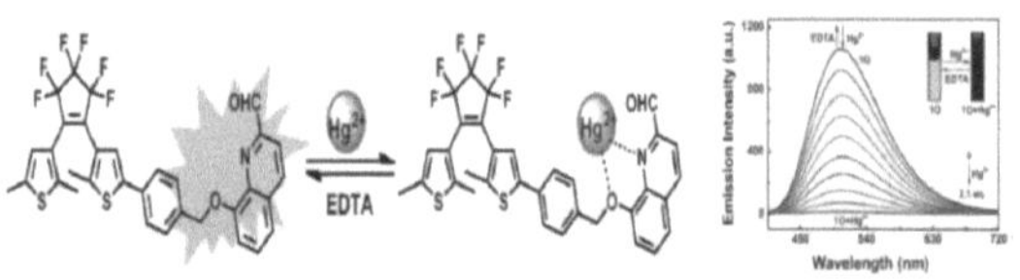

51

Figura 27. a). Estudo ESIPT do sensor de Hg baseado no conjugado HBT-quinolina^{2+} (**50**). b). Espectro de emissão do quimiossensor à base de diarileteno-quinolina (**51**).

Foi desenvolvida uma nova sonda de fluorescência ratiométrica à base de quinolina (**52**), conhecida como "a olho nu". A sonda contendo iões Hg^{2+} tem uma estequiometria reactiva de 2:1. Com um aumento de 410 vezes no rácio de concentração da absorvância (A /A_{402340}) na presença de água numa vasta gama de valores de pH, demonstrou um elevado grau de seletividade para iões Hg^{2+} em comparação com outros iões metálicos. Também mostrou uma mudança de cor ressonante de incolor para amarelo pálido que era percetível a olho nu (**Figura 28a**) [71]. O método de clique foi utilizado para criar uma série de sensores de fluorescência inovadores baseados em C-glicosil triazolil quinolina (**53**). Descobriu-se que os novos sensores têm uma forte seletividade para o Hg^{2+} em relação a uma vasta gama de outros iões metálicos. A fim de melhorar as propriedades hidrossolúveis dos sensores fluorescentes e alargar a sua gama de aplicações para a deteção de Hg(II) em estruturas biológicas com solubilidade em água, foi introduzida a estrutura de glucose. Foram utilizadas várias abordagens espectroscópicas para caraterizar o modo de ligação da triazolil quinolina ao Hg^{2+} , que foi identificado como o mecanismo subjacente ao comportamento quimiossimétrico dos sensores (**Figura 28b**) [72].

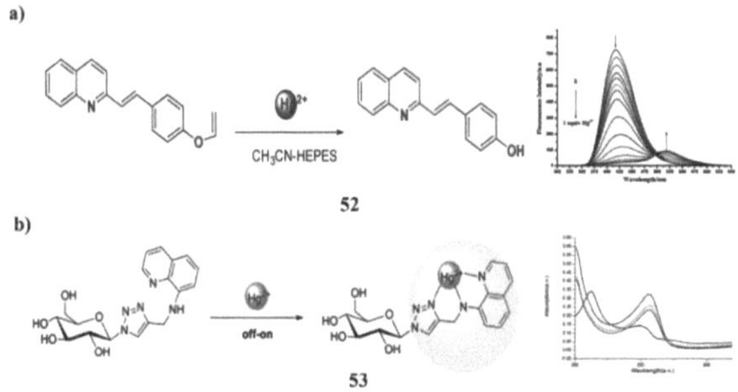

Figura 28. a). Titulação por fluorescência do sensor de Hg "reativo" baseado em quinolina "Naked-eye" 2+ (**52**). b). Espectros UV-Vis de sensores fluorescentes baseados em C-glicosil triazolil quinolina (**53**).

Foi sintetizada uma nova sonda de base de Schiff (**54**, QT) contendo tiofeno-2-carboxaldeído (T) e 8- aminoquinolina (Q). Quando a QT é exposta ao Hg^{2+} , a quelação aumenta a sua extinção de fluorescência porque os átomos de azoto e enxofre da QT se coordenam, tornando a QT um sensor fácil de "desligar". Estudos espectrais de absorção e emissão no UV-visível, ^{1}H NMR titulação e cálculo utilizando a teoria do funcional da densidade apoiaram o desenvolvimento do complexo de quelação. De acordo com estas investigações, a sonda apresenta uma excelente sensibilidade e seletividade em relação ao Hg^{2+} quando estão presentes outros iões metálicos comuns. O baixo limite de deteção de 23,4 nM foi estabelecido e uma estequiometria 2:1 entre QT e Hg^{2+} foi verificada por um gráfico de trabalho. Além disso, foi utilizada a microscopia confocal de fluorescência para avaliar a utilidade potencial da QT como sensor de iões Hg^{2+} em células HeLa humanas, e foram utilizadas tiras de papel de filtro Whatman para avaliar a adequação do sensor para aplicação no terreno utilizando amostras ambientais (**Figura 29**) [73].

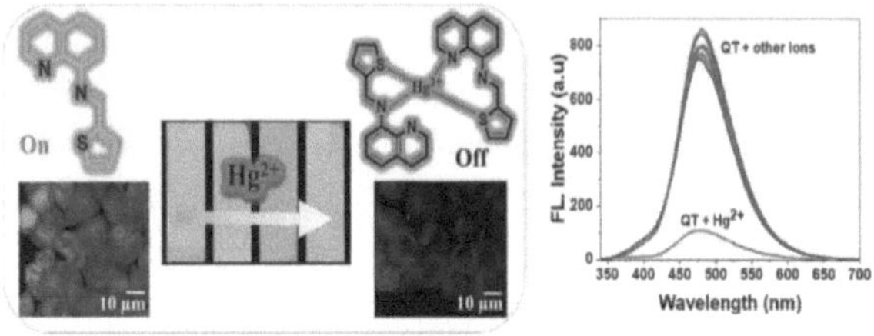

54

Figura 29. Estudo de fluorescência confocal do quimiossensor à base de quinolina-tiofeno (**54**).

Os sensores de mercúrio (II) baseados em quinolina utilizam um mecanismo de extinção de fluorescência para a deteção de mercúrio, em que a ligação de iões de mercúrio à porção de quinolina altera as suas propriedades fotofísicas, resultando numa diminuição mensurável da intensidade de fluorescência. Esta elevada sensibilidade aos iões de mercúrio é vantajosa para a deteção de vestígios. Os sensores de quinolina oferecem benefícios como alta seletividade, baixos limites de deteção e potencial para integração em dispositivos IoT e vestíveis devido ao seu tamanho compacto e capacidades de deteção eficientes. No entanto, as limitações incluem a potencial interferência de outros iões metálicos e problemas de estabilidade. As aplicações no mundo real incluem a monitorização ambiental e o diagnóstico de saúde, como demonstrado pela sua utilização em dispositivos portáteis para detetar a exposição ao mercúrio em ambientes profissionais.

7. SENSORES DE MERCÚRIO (Hg^{2+}) À BASE DE RHODAMINA

Um novo derivado de hidrazona de rodamina (**55**) com grupos tiol e ácido carboxílico foi desenvolvido como um quimiossensor fluorescente e colorimétrico seletivo para Hg^{2+} . A amplificação substancial da fluorescência e a transformação colorimétrica após a adição de Hg^{2+} são possíveis graças ao mecanismo de abertura de anel da espirolactama. A microscopia confocal de varrimento a laser foi utilizada para analisar um dos quimiossensores num microcanal depois de ter sido combinado com um objeto contendo Hg^{2+} . O brilho da fluorescência de ambos os quimiossensores apresentou uma resposta linear (r2 =μ 0,95) na gama de 1 nM quando traçado contra a concentração logarítmica de Hg^{2+} , sendo os limites de deteção correspondentes de 1 nM e 4,2 nM (**Figura 30a**) [74]. A rodamina B foi combinada com o grupo 8-hidroxiquinolina para obter uma sonda fluorescente única (**56**).

a)

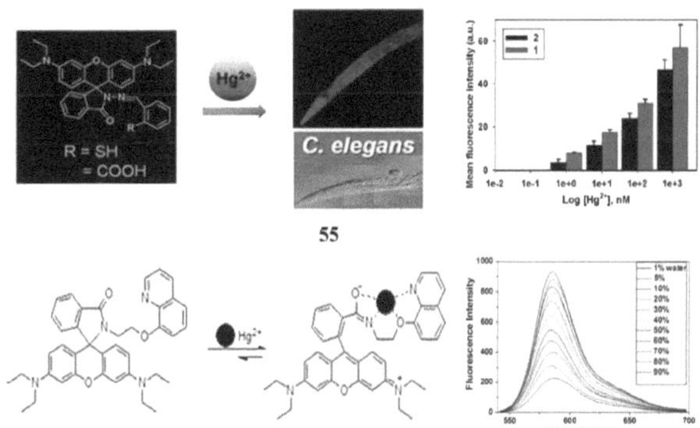

b)

55

56

Figura 30. a). Sistema microfluídico de quimiossensores de Hg à base de rodamina-hidrazona^{2+} (**55**).

b). Estudo de imagiologia de células vivas do quimiossensor de Hg baseado em rodamina-hidroxiquinolina^{2+} (**56**).

Os resultados demonstraram uma emissão de fluorescência altamente reactiva e específica acima de 500 nm e uma absorvância amplificada de Hg^{2+} numa solução aquosa com uma vasta gama de pH de 4 a 9. A descoberta de que os iões de mercúrio se alinham reversivelmente com o anel de abertura da espirolactama levou à formação de um complexo metal-ligante 1:1. Foi também utilizado para confirmar a sua utilidade como sonda fluorescente para monitorizar o Hg^{2+} em células vivas, utilizando imagens in vivo em células HeLa (**Figura 30b**) [75]. Foi formulado e sintetizado um novo quimiossensor fluorescente colorimétrico off-on (**57**) à base de rodamina para iões Hg^{2+} , utilizando o famoso cromóforo de rodamina tiosspirolactama e a hidrazona furfural como grupos de sinalização. Foram investigadas as caraterísticas de ligação do sensor Hg^{2+} e a sua caraterização fotofísica numa solução aquosa neutra de DMF. Para que o sinal do quimiossensor se altere, é necessário um mecanismo específico de abertura reversível do anel da espirolactama de rodamina induzido por iões metálicos. O quimiossensor reage instantânea e reversivelmente aos iões Hg^{2+} . Em comparação com outros iões metálicos, apresenta efetivamente uma reação de "ativação" significativa em relação ao Hg^{2+} . Para além de provar a utilidade do sensor para aplicações reais em estruturas biológicas e ambientais, também é utilizado para imagiologia in vivo em células Schwann de rato para verificar que a sonda pode ser utilizada como sonda fluorescente para monitorizar o Hg^{2+} em células vivas com resultados satisfatórios (**Figura 31a**) [76]. Foi efectuada a conceção e descrição de um quimiossensor fluorescente de ativação (**58**, RN2) para Hg^{2+} baseado na tiohidrazida de rodamina B. Este demonstrou uma seletividade e sensibilidade excecionalmente elevadas ao Hg^{2+} em comparação com outros iões metálicos. A quebra do anel espiral da rodamina B, induzida pelo Hg^{2+} , resultou numa amplificação selectiva da fluorescência do tipo "OFF-ON" e numa mudança de cor notável no RN2. As experiências de imagiologia biológica mostraram que a referida sonda era fluorescente e podia ser utilizada como uma sonda permeável às células para a monitorização do Hg^{2+} em células vivas. Também foi eficaz utilizar o quimiossensor construído para identificar Hg^{2+} em amostras de água obtidas do ambiente (**Figura 31b**) [77].

a)

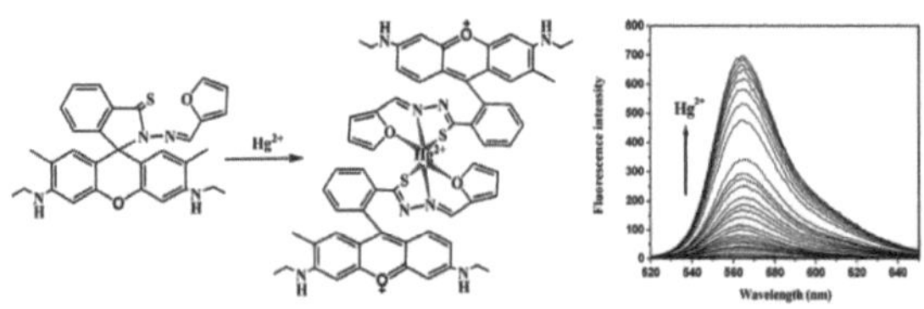

57

b)

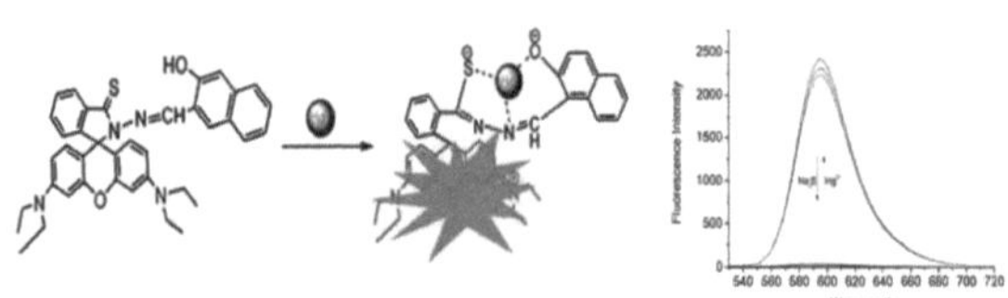

58

Figura 31. a). Imagem de células vivas do quimiossensor baseado em Rho6G-tiosspirolactama (**57**). b). Estudo de bioimagem do quimiossensor de Hg baseado na tiohidrazida RhB^{2+} (**58**).

A deteção colorimétrica e fluorométrica rápida é demonstrada por um sensor à base de rodamina (**59**) com caraterísticas de deteção de iões duplos após ligação 1:1 com Hg^{2+} . A abertura induzida pelo Hg^{2+} do anel de espirolactama na estrutura da rodamina é responsável pela mudança de cor aparente da solução de incolor para cor-de-rosa e pela mudança de cor da fluorescência de escuro para laranja. Os métodos de fluorescência produziram um limite de deteção de 44 nM, enquanto a absorvância produziu um valor de 32 nM. Além disso, o complexo resultante Hg^{2+} pode ser utilizado como um sensor de fluxo reversível I^- . A adição de I^- reforçou a força que liga Hg^{2+} e I^- , agarrando o Hg^{2+} no complexo, o que diminuiu a quantidade de fluorescência. Foi construído um dispositivo molecular baseado na caraterística "OFF-ON-OFF" com uma função de porta lógica "INHIBIT" (**Figura 32a**) [78]. Foi criado um quimiossensor (**60**) utilizando rodamina-B e difenilselénio (RhoSe). Foram utilizadas espectroscopias UV/Vis e de fluorescência para estudar a sua reação a diferentes iões metálicos. Em soluções CH_3OH/H_2O, reage ao Hg^{2+} mais do que a outros iões metálicos. A solução de RhoSe apresenta uma mudança de cor notável de incolor para cor-de-rosa após a adição de Hg^{2+} , bem como um aumento notável de 48 vezes na fluorescência. Causada pela ligação do Hg^{2+} , a abertura do anel da espirolactama no fluoróforo da rodamina é responsável pela mudança de cor e pelo aumento da fluorescência. O rácio de ligação de RhoSe-Hg^{2+} foi determinado utilizando um gráfico de trabalho, e descobriu-se que era de 1:1. A gama de pH de 4,0-10 provou ser a mais eficaz para a deteção de Hg^{2+} . De forma significativa, a inclusão de Na_2S permitiu a observação da reversibilidade do complexo RhoSe-Hg^{2+} . Para efeitos práticos, o Hg^{2+} numa solução de água/metanol foi detectado utilizando a técnica da tira. Além disso, a microscopia de fluorescência confocal mostra que a RhoSe é uma sonda fluorescente útil para a deteção de Hg^{2+} in vitro e in vivo (**Figura 32b**) [79].

a)

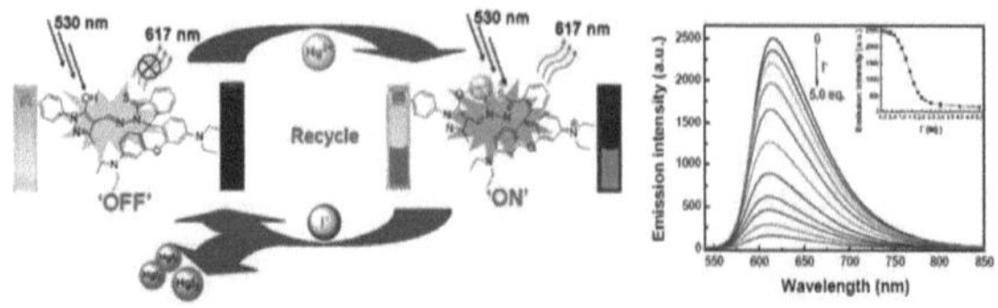

59

b)

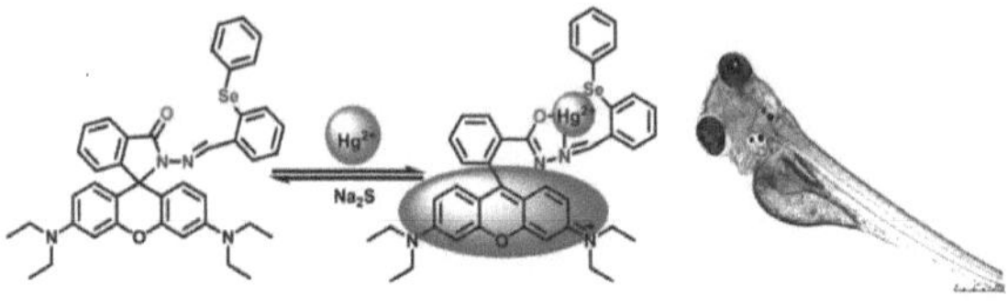

60

Figura 32. a). Análise de fluorescência de um sensor de Hg^{2+} baseado em rodamina B (**59**). b). Estudo em peixe-zebra de um quimiossensor baseado em RhoSe (**60**).

A rodamina 6G serviu de base para a conceção, síntese e caraterização de um quimiossensor fluorescente e colorimétrico (**61**). Este identificou com êxito o Hg^{2+} com base numa reação em duas fases. Através da utilização de espetroscopia de infravermelhos com transformada de Fourier, espetrometria de massa com ionização por electrospray, espetrofotometria ultravioleta-visível, espetroscopia de fluorescência e simulações de orbitais de moléculas de fronteira, foi verificada a interação entre o quimiossensor e o Hg^{2+} . Além disso, foi adicionado a placas de gel de sílica e a tiras de teste, que mostraram uma excelente seletividade e sensibilidade ao Hg^{2+} (**Figura 33a**) [80]. Foram criados e fabricados três novos sensores de fluorescência de Hg^{2+} (**62**) baseados em rodamina. Apresentaram uma amplificação excecional da fluorescência e demonstraram uma boa seletividade e sensibilidade ao Hg^{2+} mesmo em soluções semi-aquosas com um pH próximo do neutro.

a)

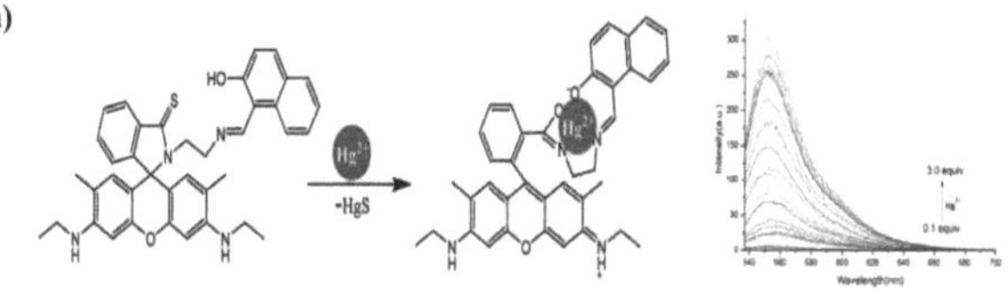

61

b)

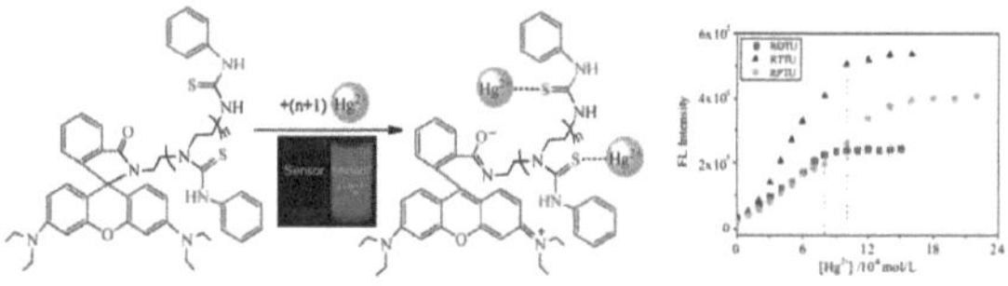

62

Figura 33. a). Estudo fluorescente do quimiossensor de Hg baseado em Rho6G^{2+} (**61**). b). Intensidade FL de sensores fluorescentes à base de tioureia RhB (**62**).

Os números de unidades de tioureia aumentaram para estes três sensores, expandindo a sua gama de funcionamento linear e aumentando a sua sensibilidade. Além disso, os sensores demonstraram uma excelente resistência à interferência de vários iões metálicos que são relevantes tanto para o ambiente como para a biologia. A boa praticabilidade dos sensores foi demonstrada pelo teste em lagos e água da torneira. Um novo mecanismo de interação entre o Hg^{2+} e o sensor foi sugerido pelo número de Hg ligados^{2+} que coincide com o das unidades de tioureia e pelo processo de reconhecimento irreversível (**Figura 33b**) [81].

A elevada seletividade para a deteção de Hg^{2+} foi conseguida através da conceção e síntese do quimiossensor fluorescente à base de rodamina (**63**). A caraterização foi efectuada através de espectroscopias de IV,^{1} H NMR e HRMS. Numa solução de etanol/água, demonstrou uma fluorescência clara e mudanças colorimétricas em direção ao Hg^{2+} , o que levou à formação do complexo Hg^{2+} com a abertura do anel de espirolactama induzida pelo Hg^{2+} na rodamina. Pela sua resposta espetral com iões Hg^{2+} , bem como pelos estudos de titulação TBAI (iodeto de tetrabutilamónio), a reversibilidade do quimiossensor foi confirmada (**Figura 34a**) [82]. A ligação de um grupo rodamina B introduzida como interrutor reversível nas díades esquaraina-diamina é um método eficiente baseado na sinalização induzida por coordenação. Foi concebido e sintetizado um novo quimiossensor ótico de esquaraina-bis(rodamina-B) (**64**, SRB), tendo sido investigada a sua melhor utilização possível. O objetivo da sonda era identificar iões Hg^{2+} utilizando um sistema de fluorescência "OFF-ON". Na presença de outros iões metálicos, demonstrou uma elevada seletividade em relação ao Hg^{2+} . O complexo denominado SRB-Hg^{2+} foi estudado por espetroscopia de UV-vis e de fluorescência em acetonitrilo, uma vez que demonstrou um elevado grau de seletividade em relação ao Hg^{2+} quando exposto a diferentes iões metálicos. A fluorescência "OFF-ON" da sonda e a mudança de sinal de cor devem-se a um efeito dominó desencadeado pelo Hg^{2+} , que utiliza a rodamina espirolactama na sua forma de anel aberto para restaurar o mecanismo conjugado do esqueleto da rodamina. Empregando um cálculo de gráfico de trabalho, titulação ótica e FT-IR, o mecanismo para a abertura do anel de espirolactama de rodamina gerado pela ligação de Hg^{2+} e a estrutura estequiométrica 1:1 de SRB e Hg^{2+} foram confirmados. Depois disso, o CN^- em acetonitrilo foi detectado utilizando um quimiossensor complexo SRB-Hg^{2+} na presença de vários aniões. Adicionalmente, quando foi adicionado Hg^{2+} , este sensor mostrou uma identificação extremamente sensível e selectiva de iões cianeto, mudando de cor para incolor na mesma solução. A aplicação do SRB com o polímero PEGDMA para detetar iões Hg^{2+} acabou por ser bem sucedida e os resultados foram examinados utilizando SEM e microscopia confocal de varrimento a laser fluorescente (CLSM) (**Figura 34b**) [83].

a)

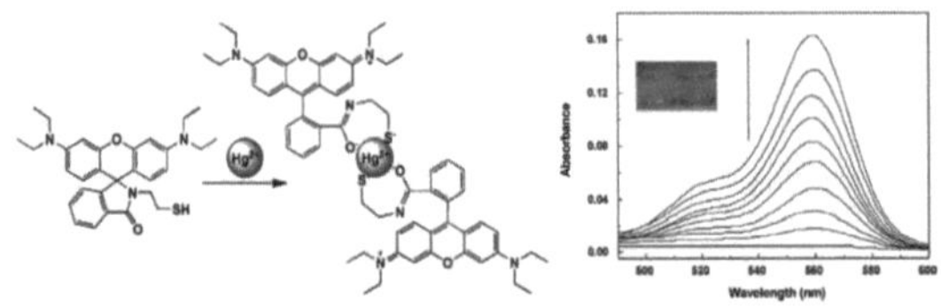

63

b)

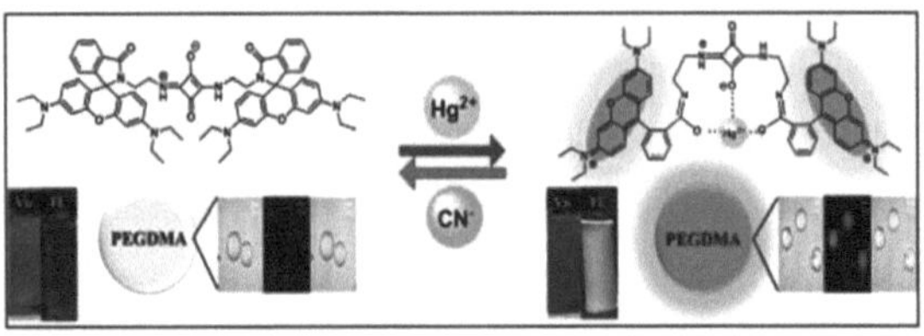

64

Figura 34. a). Propriedades de absorção do quimiossensor de Hg baseado em RhB^{2+} (**63**). b). Estudo de imagiologia celular do quimiossensor à base de esquaraina-bis(rodamina-B) (**64**).

A elevada seletividade e sensibilidade ao Hg^{2+} são alcançadas através da conceção e síntese eficazes de um par de quimiossensores à base de 1,8-naftalimida-Rodamina (**65**). Quando interage com o Hg^{2+} em CH_3 CN puro, muda de cor de amarelo para laranja e apresenta um sinal típico de transferência de energia de ressonância de fluorescência da 1,8-naftalimida para a Rodamina 6G. No entanto, o RB-NA no tampão CH_3 CN/HEPES está limitado à sua capacidade de funcionar como um processo de transferência de electrões fotoinduzido na 1,8-

naftalimida, com um aumento da intensidade de fluorescência centrado em 525 nm após a adição de Hg^{2+} . No entanto, no sistema CH3CN puro, o Hg^{2+} pode abrir o anel espirolactâmico da Rodamina B no RB-NA e bloquear o processo PET na 1,8-naftalimida, o que resulta na formação de uma nova banda de emissão a 575 nm e num aumento da intensidade de fluorescência a 515 nm, juntamente com uma mudança de cor notável de amarelo para rosa (**Figura 35a**) [84]. O sensor colorimétrico e fluorescente à base de rodamina (**66**) para Hg^{2+} mostrou uma seletividade e sensibilidade notáveis, como evidenciado pelo pico de absorção crescente a 565 nm e uma amplificação de fluorescência de 32 vezes a 586 nm com mudanças de cor notáveis. Entre 0 e 90 μM, a absorvância e os máximos de fluorescência aumentaram linearmente em proporção à concentração de Hg^{2+} . Os limites dos métodos de deteção colorimétrica e de fluorescência foram de 6,36 μM e 60,78 nM, respetivamente. Apresentou uma boa imunidade a interferências e uma citotoxicidade mínima, podendo funcionar numa gama de pH quase neutro de 6,01-8,57. Foi possível construir um complexo 1:2 sensor-Hg^{2+} com uma constante de ligação de $2{,}89 \times 10^{8}\ M^{-2}$. Foi sugerido um novo método de deteção. Este foi efetivamente utilizado para a imagiologia de células vivas e para o ensaio de amostras reais. Além disso, o sensor para sinalização de Hg^{2+} em solução aquosa a 100% pode ser suportado em discos de celulose de baixo custo (**Figura 35b**) [85].

a)

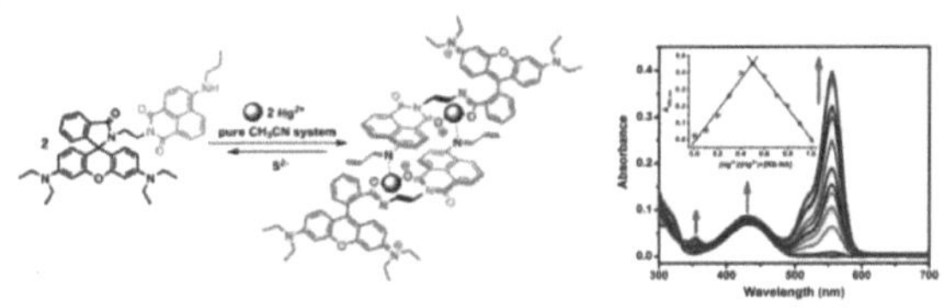

65

b)

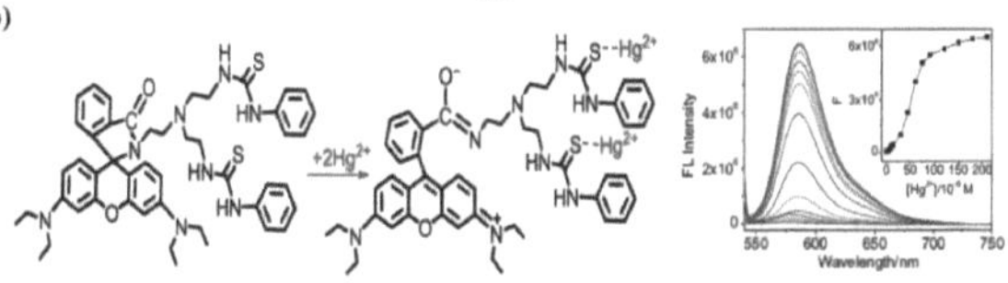

66

Figura 35. a). Estudo UV de quimiossensores de Hg^{2+} baseados em naftalimida e rodamina (**65**). b). Estudo em células vivas de um sensor fluorescente de Hg baseado em RhB-tiol^{2+} (**66**).

Um novo quimiossensor fluorescente (**67**) baseado na rodamina 6G para Hg^{2+} foi sintetizado e validado utilizando os métodos NMR e LC-MS. Na fase aquosa orgânica mista, o quimiossensor fluorescente apresenta uma forte preferência e sensibilidade para o Hg^{2+} em relação a outros iões metálicos. Após a adição de Hg^{2+} , registou-se um aumento notável da fluorescência e da abertura do anel de uma estrutura espiro-cíclica de rodamina. A proporção estequiométrica dos complexos PS-Hg^{2+} foi de 1:1 utilizando a experiência[1] H NMR e o gráfico de Job. Para a complexação PS-Hg^{2+} , a constante de ligação prevista e o limite de deteção (LOD) são 6×10^4 M^{-1} e $3{,}0375 \times 10^{-8}$ M (30,37 nM), respetivamente. A ligação do Hg^{2+} no quimiossensor PS resultou num aumento intenso da fluorescência que foi mais notório entre os valores de pH de 6 e 8. Com a utilização de amostras reais de água e uma técnica de pico e recuperação, o ião metálico Hg^{2+} foi eficazmente identificado. Além disso, a sonda PS de baixa citotoxicidade foi utilizada numa experiência de varrimento celular com células de cancro da mama MDA-MB-231 e A375 para detetar o Hg^{2+} intracelularmente utilizando o método de ensaio MTT (**Figura 36a**) [86]. Para identificar iões metálicos, foram produzidos novos compostos de rodamina com grupo ureia (**68**). A sonda do sistema dimérico demonstrou uma amplificação selectiva da fluorescência e uma mudança colorimétrica com a adição de Hg^{2+} . Esta sonda explorou o mecanismo da amida aberta em anel (fluorescente) para espirolactama (não fluorescente). Foi determinado um valor de $3{,}2 \times 10^5$ M^{-1} para a constante de associação da sonda com Hg^{2+} (**Figura 36b**) [87].

a)

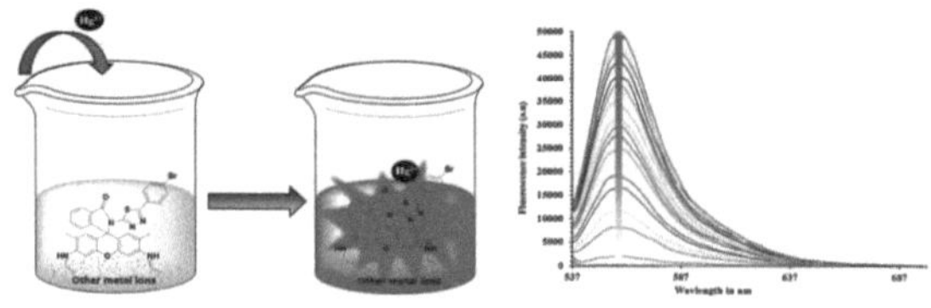

67

b)

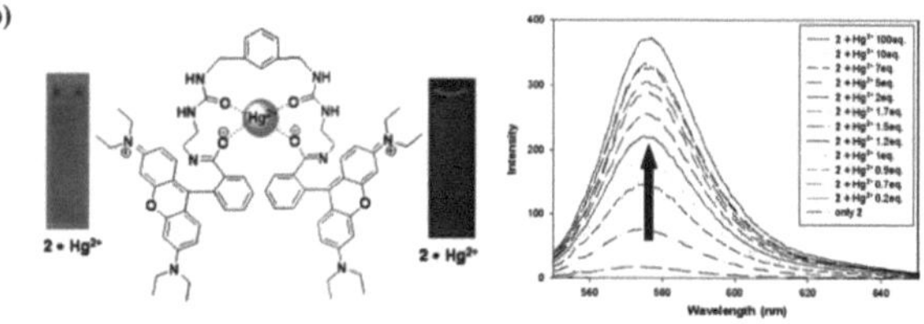

68

Figura 36. a). Método de ensaio MTT do quimiossensor de Hg^{2+} baseado em Rho6G (**67**). b). Estudo fotofísico de quimiossensores de Hg baseados em RhB-ureia^{2+} (**68**).

Foi criado um quimiossensor tripodal à base de tren (**69**) com dois grupos tosilo e rodamina, e foram utilizadas espectroscopias UV/vis e de fluorescência para estudar o comportamento do sensor em relação a iões metálicos. O ião Hg^{2+} produziu uma mudança de cor visível e aumentou significativamente a fluorescência quando adicionado a uma solução CH_3 CN contendo a sonda, produzindo uma modificação muito pequena da cor/espetral. Estas descobertas combinaram-se para fornecer um quimiossensor fluorescente seletivo de Hg^{2+} (OFF-ON) (**Figura 37a**) [88]. Um novo quimiossensor fluorescente e cromogénico (**70**, RTS) baseado na combinação rodamina-triptamina para a deteção de Hg^{2+} na água. Observou-se uma coloração rosa profunda e uma fluorescência laranja viva numa solução aquosa de metanol de RTS após a adição progressiva de Hg^{2+} . A sonda mostrou um grau significativo de seletividade em relação ao Hg^{2+} em comparação com outros iões metálicos concorrentes.

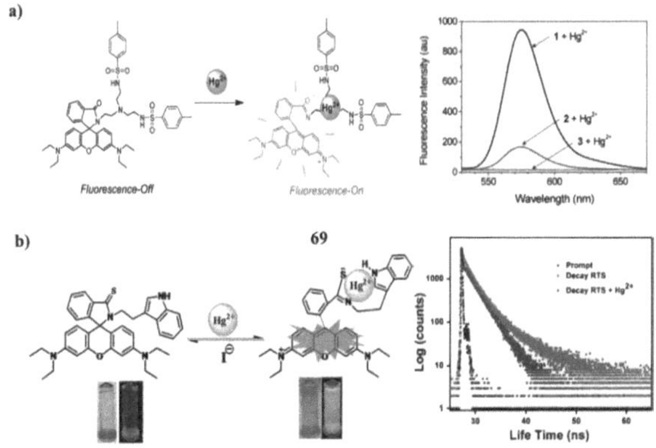

70

Figura 37. a). Estudo de fluorescência de grupos rodamina-tosilo baseado no quimiossensor de Hg^{2+} (**69**).b). Aplicações biológicas do quimiossensor de Hg baseado em rodamina anexada à triptamina^{2+} (**70**).

A espetroscopia de massa e a análise do gráfico de Job foram utilizadas para determinar a estequiometria de ligação 1:1 entre a RTS e o Hg^{2+} . De acordo com a investigação preliminar, a sonda sintetizada RTS era muito pouco tóxica e foi capaz de distinguir entre iões Hg^{2+} intercelulares, passando com êxito através do exterior das células de sistemas celulares modelo, tais como células de neuroblastoma humano (SHSY5Y) e células cervicais (HeLa). Utilizando a titulação de fluorescência, o limite de deteção (LOD) foi determinado em 2,1 nM. Além disso, foi demonstrado que os quimiossensores sintéticos têm utilidade potencial para identificar iões Hg^{2+} em amostras de fluidos ambientais (**Figura 37b**) [89]. Foi desenvolvido um novo quimiossensor fluorescente e colorimétrico (**71**) que utiliza a rodamina 6G como base e um núcleo de N-metil imidazol para permitir a identificação selectiva de iões Hg^{2+} . O exame do espetro de fluorescência e os dados UV-Vis mostraram que o recetor é sensível e seletivo para o Hg^{2+} , sem interferência discernível de outros iões metálicos rivais. Observou-se que a adição de Hg^{2+} ao recetor provocou uma rápida mudança de cor de incolor para rosa. A sensibilidade de vários catiões à fluorescência induzida pelo Hg^{2+} foi examinada. O gráfico de Job forneceu provas do equilíbrio estequiométrico de 1:1 entre o recetor e o Hg^{2+} . O processo de abertura do anel da espirolactama foi identificado como a causa da mudança de cor e da resposta de fluorescência que ocorreu com a presença do ião Hg^{2+} . ^{1}A análise por RMN de H e o espetro de massa foram utilizados para validar o modo provável de interação entre o recetor e o Hg^{2+} . As suas tiras de teste feitas de nanofibras electrospun foram eficazmente utilizadas para identificar iões Hg^{2+} num ambiente aquoso (**Figura 38a**) [90]. Um ligando de tiosspirolactama RhB para um sensor colorimétrico eficiente OFF-ON (**72**) para iões mercúrio (II) em condições aquosas neutras é derivado da p-tert-butilcalix modificada[4] devido à sua caraterística anfifílica inerente. Foi examinada utilizando métodos de espetroscopia eletrónica. A porção tiosspirocíclica deste ligando permite-lhe distinguir entre diferentes iões de metais alcalinos, alcalino-terrosos e de transição e iões Hg^{2+} tóxicos crónicos. O ligando apresenta um limite de deteção de iões Hg^{2+} de $9,65 \times 10^{-9}$ M e uma constante de associação de $3,63 \times 10^{5}$ M^{-1} . Além disso, este ligando pode penetrar nas células HeLa, o que pode ser útil na deteção de iões Hg^{2+} em sistemas biológicos através da utilização de imagens de fluorescência (**Figura 38b**) [91].

a)

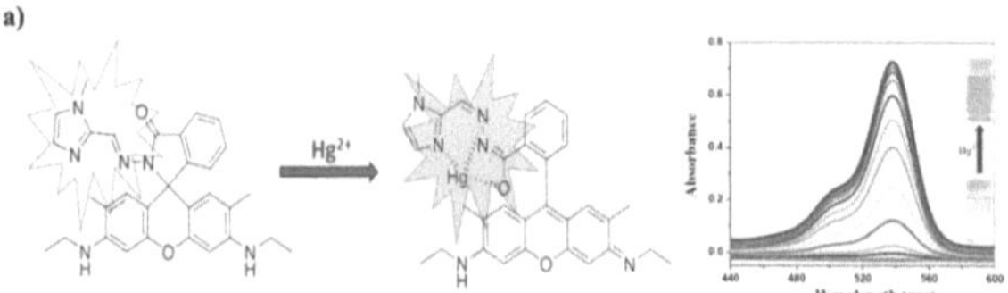

71

b)

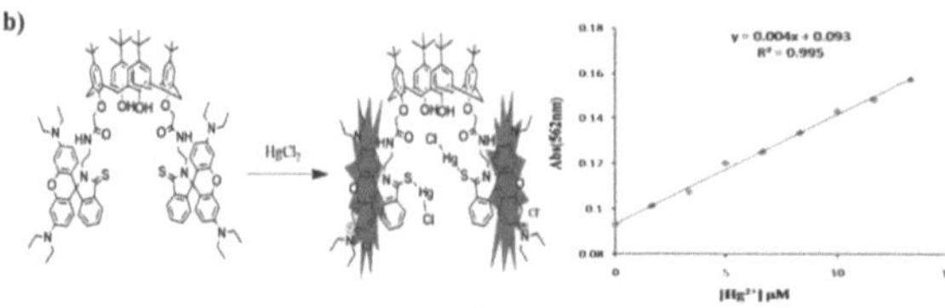

72

Figura 38. a). Estudo de absorção de Hg baseado em RhB^{2+} Chemosensor (**71**). b). Estudo de imagiologia de células vivas do sensor de mercúrio à base de p-tert-butilcalix[4]areno-tiosspirolactama RhB (**72**).

Os sensores de mercúrio (II) à base de rodamina utilizam mecanismos de extinção de fluorescência ou de transferência de energia por ressonância de fluorescência (FRET) para a deteção. Após a ligação do ião mercúrio (II), a porção de rodamina sofre uma alteração no seu ambiente eletrónico, conduzindo a uma diminuição mensurável da intensidade de fluorescência ou a uma alteração do comprimento de onda de emissão. Esta resposta facilita a deteção altamente sensível do mercúrio. As vantagens incluem elevada sensibilidade, baixos limites de deteção e tempos de resposta rápidos, tornando estes sensores adequados para monitorização em tempo real em dispositivos IoT e portáteis. As limitações envolvem a potencial fotobranqueamento e a interferência de outros iões. Por exemplo, os sensores à base de rodamina têm sido utilizados em dispositivos portáteis para monitorização ambiental, oferecendo feedback em tempo real sobre os níveis de exposição ao mercúrio e demonstrando a sua aplicação prática para garantir a segurança ambiental.

8. CONCLUSÃO

Os recentes avanços nos sensores de mercúrio (II) baseados em fotoresponsivos representam um passo fundamental para responder à necessidade premente de métodos de deteção eficientes e fiáveis. Estes sensores utilizam materiais como o azobenzeno, a cumarina, a fluoresceína, o pireno, a quinolina e a rodamina, que apresentam alterações nas propriedades ópticas após a interação com iões de mercúrio, permitindo uma elevada sensibilidade e seletividade. A integração de materiais de ponta e de tecnologias emergentes como a IoT e os wearables dotou estes sensores de capacidades melhoradas, permitindo a monitorização remota e em tempo real. Este facto alargou as suas aplicações para além da monitorização ambiental tradicional, passando a incluir a bioimagem e a avaliação da exposição pessoal. Por exemplo, os sensores à base de cumarina oferecem um elevado rendimento quântico e uma resposta rápida, enquanto os sensores à base de fluoresceína proporcionam uma forte fluorescência e baixos limites de deteção, ideais para a imagiologia celular. Apesar do seu potencial, subsistem desafios como a melhoria da multifuncionalidade, o aperfeiçoamento da seletividade e o aumento da portabilidade no local. A resolução de questões como a fotobranqueamento, a dependência de solventes e a potencial interferência é crucial para um maior desenvolvimento. No entanto, é inegável o potencial transformador destes sensores para revolucionar a monitorização ambiental e a saúde pública. À medida que a investigação continua, os avanços prometem aperfeiçoar a nossa compreensão da contaminação por mercúrio e catalisar melhorias tangíveis na gestão da poluição e estratégias preventivas, abrindo caminho para soluções mais eficazes e sustentáveis.

REFERÊNCIAS

[1]. D. Dai, J. Yang, Y. Wang, Y. W. Yang, Progressos recentes em materiais funcionais para deteção e remoção selectiva de iões de mercúrio (II), Adv. Funct. Mater 31 (2021) 2006168.

[2]. J. Qu, X. Zhang, W. Zhou, R. Yao, X. Zhang, S. Jing, Carbon dots/Ruténio (III) nanocompósitos para deteção de fluorescência FRET e remoção de mercúrio (II) através da montagem em nanofibras, Talanta 268 (2024) 125322.

[3]. J. W. Lim, T. Y. Kim, M. A. Woo, Trends in sensor development towards next-generation point-of-care testing for mercury, Biosens. Bioelectron. 183 (2021) 113228.

[4]. K. Tang, Y. Chen, S. Tang, X. Wu, P. Zhao, J. Fu, H. Lei, Z. Yang, Z. Zhang, Um sensor de fluorescência ratiométrico de modo duplo assistido por smartphone para deteção visual de iões de mercúrio e L-penicilamina, Sci Total Env 856 (2023) 159073.

[5]. D. Zhang, Y. Zhang, W. Lu, X. Le, P. Li, L. Huang, J. Zhang, J. Yang, M. J. Serpe, D. Chen, T. Chen. Fluorescent Hydrogel-Coated Paper/Textile as Flexible Chemosensor for Visual and Wearable Mercury(II) Detection [Papel/Têxtil revestido a hidrogel fluorescente como quimiossensor flexível para deteção visual e vestível de mercúrio (II)]. Adv. Mater. Technol. 4 (2019) 1800201.

[6]. L. Wang, Y. Ma, W. Lin, Uma sonda fluorescente à base de cumarina para a deteção altamente selectiva de iões de mercúrio perigosos em organismos vivos, J. Hazard. Mater, 461 (2024) 132604.

[7]. M. Li, S. Zhang, P. Zhang, K. Qin, Q. Chen, Q. Cao, Y. Zhang, J. Zhang, C. Yuan, H. Xiao, Dansyl-labelled cellulose as dual-functional adsorbents for elimination and detection of mercury in aqueous solution via aggregation-induced emission, J. Environ. Manage, 338 (2023) 117773.

[8]. M. Mansha, S. Ali, N. Baig, S. A. Khan, nanopartículas de sílica à base de naftaleno como um quimiossensor fluorescente altamente sensível para a deteção de mercúrio na água do mar real, J. Mol. Liq, 374 (2023) 121294.

[9]. M. Rajasekar, Desenvolvimento recente em derivados de fluoresceína, J. Mol. Struct, 1224 (2021) 129085.

[10]. M. Rajasekar, Tendências recentes em derivados de rodamina como sondas fluorescentes para aplicações em biomateriais, J. Mol. Struct, 1235 (2021) 130232.

[11]. M. Rajasekar, S. G. Agash, C. Narendran, K. Rajasekar, Tendências recentes em quimiossensores de cobre (II) baseados em fluorescência e suas aplicações em biomateriais,

Inorg Chem Commun, 151 (2023) 110609.

[12]. N. K. Preman, S. Jain, A. Antony, D. M. Shetty, N. Fathima, K. S. Prasad, R. P. Johnson, Síntese de nanopartículas de ouro mediada por copolímeros responsivos a estímulos para a deteção colorimétrica de iões de mercúrio (II) com base em nanoenzimas, ACS Appl. Polym. Mater, 5 (2023) 6377-89.

[13]. S. Wu, Y. Yang, Y. Cheng, S. Wang, Z. Zhou, P. Zhang, X. Zhu, B. Wang, H. Zhang, S. Xie, Z. Zeng, Deteção fluorogénica de iões de mercúrio em ambiente aquoso utilizando películas de deteção AIE baseadas em hidrogel, Aggregate 3 (2023) 287.

[14]. R. Soni, D. S. Sharma, D. Rana, N. Singh, Gupta, Projectos estruturais de estruturas orgânicas metálicas funcionais para a deteção de mercúrio em fontes de água contaminadas, Coord Chem Rev 494 (2023) 215343.

[15]. T. Tan, C. Zhang, Y. Han, R. Chu, W. Xi, X. Chen, J. Sun, H. Huang, Y. Hu, X. Huang, Fine-tuning bromide AIE probes for Hg^{2+} detection in mitochondria with wash-free staining. J. Hazard. Mater 464 (2024) 132999.

[16]. U. Krishnan, S. Manickam, S. K. Iyer, Turn-off fluorescence of imidazole-based sensor probe for mercury ions, Sens. Diagn., 3 (2024) 87-94.

[17] D. Zhang, Y. Yao, J. Wu, I. Protsak, W. Lu, X. He, S. Xiao, M. Zhong, T. Chen e J. Yang, Hidrogel Fluorescente Semi-IPN Super-Hidrofílico de Poli(N-(2-hidroxietil)acrilamida) para Deteção de Mercúrio(II) Ultra-rápida, Selectiva e Eficaz a Longo Prazo num Sistema Carregado de Bactérias. ACS Appl. Bio Mater. 2 (2019) 906-915.

[18]. X. Bi, X. Liu, L. Luo, S. Liu, Y. He, L. Zhang, L. Li, T. You, Isolamento de unidades de deteção e grupos de adsorção baseados na estrutura hierárquica MOF-on-MOF para deteção altamente sensível e remoção de Hg^{2+} , Inorg. Chem, 63 (2024) 2224- 2233.

[19]. X. Han, Y. Wang, T. Wang, J. Zhang, J. Xie, J. Han, X. Zhao, Deteção ultrassensível de mercúrio a partir do envolvimento superficial de pontos de carbono reduzidos e nanopartículas de prata decoradas em sondas de fibra SERS, J. Alloys Compd, 976 (2024) 173085.

[20]. Zhang, M. Liang, C. Shao, Z. Li, X. Cao, Y. Wang, Y. Wu, S. Lu, Deteção visual e deteção de iões de mercúrio e glutatião utilizando nanoclusters de cobre fluorescentes, ACS Appl. Bio Mater, 6 (2023) 1283-93.

[21]. Y. Gao, J. Song, W. Wang, A Novel Azobenzene-Based Fluorescent Sensor for Selective Detection of Mercury Ion. Lett. Org. Chem, 8 (2011) 749-751.

[22]. X. Cheng, Q. Li, C. Li, J. Qin, Z. Li. Quimiossensores colorimétricos à base de azobenzeno para a deteção rápida a olho nu de mercúrio (II). Chem. Eur. J. 17 (2011) 7276 -

7281.

[23]. G. Mina, X. Wei, G. Mingyun S. Jianhua, Y. Gui. Novos Corantes Colorimétricos de Azobenzeno e Quimiossensores Ratiométricos para o Ião Mercúrio (II). Chinese J. Chem, 27 (2009) 1773- 1776.

[24]. A. Balamurugan H. Lee. Single Molecular Probe for Multiple Analyte Sensing: Deteção eficiente e selectiva de iões de mercúrio e fluoreto. Sens Actuators B Chem., 216 (2015) 80-85.

[25]. Z. Yu, Z. Tian, Z. Li, Z. Luo, Y. Li, Y. Li, J. Ren. Um novo quimiossensor cromogénico e fluorogénico para Hg(II) com elevada seletividade baseado na desproteção de tioacetais promovida por Hg^{2+} . Sens Actuators B Chem. 223 (2016) 172-177.

[26]. M. Lee, B. Cho, J. Yoon, J. Kim. Selectively Chemodosimetric Detection of Hg(II) in Aqueous Media. Org Lett., 9 (2007) 4515-4518.

[27]. H. H. Pirdehi, N. O. Mahmoodi, M. P. Nadamani, A. Taheri. Nova síntese de azo-benzilideno-tioureia como quimiossensor duplo a olho nu para deteção selectiva de Hg^{2+} e iões CN^{-}. J. Photochem. Photobiol. A: Chem., 391 (2020) 112365.

[28]. Y. Yuan, L. Guo, Z. Chen, Y. Zhu, L. Feng, W. Hu, M. Tian, H. Wang, F. Feng, A novel quick and highly selective "turn-on" fluorescent probe for Hg^{2+} and its application. Microchem. J., 147 (2019) 615-621.

[29]. Y. Ding, Y. Pan, Y. Han. A Coumarin-Based Fluorescent Probe for Ratiometric Monitoring of Hg^{2+} in Live-Cells. Ind. Eng. Chem. Res. 58 (2019) 7786-7793

[30]. S. Voutsadaki, G. Tsikalas, E. Klontzas, G. Froudakis, H. Katerinopoulos. A ""turn-on"" coumarin-based fluorescent sensor with high selectivity for mercury ions in aqueous media. Chem. Commun., 46 (2010) 3292-3294.

[31]. I. Ho, T. Lai, R. Wu, M. Tsai, C. Wu, G. Lee, W. Chung. Conceção e síntese de cumarinas de triazolilo como quimiossensores fluorescentes selectivos de Hg^{2+} . Analyst, 137 (2012) 5770-5776.

[32]. S. Goswami, A. Das, S. Maity. TIC induzida por "PET" vs. "Push-Pull": Um notável sensor colorimétrico e fluorimétrico de olho nu baseado em pirimidina anexada a cumarinil para deteção de Hg^{2+} íon em meio aquoso com viagens de teste. Dalton Trans., 42 (2013) 16259-16263.

[33]. S. Qin, B. Chen, J. Huang, Y. Han. Uma sonda fluorescente colorimétrica e ratiométrica baseada em tiocumarina para Hg^{2+} em solução aquosa e sua aplicação em imagens de células vivas. Novo J. Chem., 42 (2018) 12766-12772

[34]. J. Ngororabanga, Z. Tshentu, N. Mama. Um polímero cumarina-triazol baseado em ESIPT altamente seletivo e sensível para a deteção ratiométrica de Hg^{2+} New J. Chem., 43 (2019) 12168-12177.

[35]. C. Bazzicalupi, C. Caltagirone, Z. Cao, Q. Chen, C. Natale, A. Garau, V. Lippolis, L. Lvova, H. Liu, I. Lundstrçm, M. Mostallino, M. Nieddu, R. Paolesse, L. Prodi, M. Sgarzi, N. Zaccheroni.Multimodal Use of New Coumarin-Based Fluorescent Chemosensors: Towards Highly Selective Optical Sensors for Hg^{2+} Probing. Chem.Eur. J. 19 (2013) 14639-14653

[36]. S. Mondal, N. Patra, H. Nayek, S. Hira, S. Chatterjee, S. Dey. Ausência invulgar de FRET em cumarina-hidroxiquinolina com ponte de triazol, um sensor ativo para deteção de Hg^{2+} . Photochem.Photobiol. Sci, 19 (2020) 1211-1221.

[37]. X. Cheng, S. Qu, L. Xiao, W. Li, P. He. Sonda fluorescente à base de cumarina tioacetalizada para mercúrio (II): resposta ratiométrica, alta seletividade e aplicação bem-sucedida de bioimagem. J. Photochem Photobiol A Chem., 364 (2018) 503-509.

[38]. C. Chen, N. Vijay, N. Thirumalaivasan, S. Velmathi, S. Wu. Sonda fluorescente Hg^{2+} à base de cumarina: deteção de ligação de fluorescência para bioimagem de Hg^{2+} em células vivas e peixe-zebra. Spectrochim. Ata A Mol. Biomol. Spectrosc., 219 (2019) 135-140.

[39]. P. Hande, A. Samui, P. Kulkarni. Deteção seletiva nanomolar de mercúrio usando polímero impresso com íon Hg (II) fluorescente à base de cumarina. Sens Actuators B Chem, 246 (2017) 597-605.

[40]. J. Chen, W. Liu, Y. Wang, H. Zhang, J. Wu, H. Xu, W. Ju, P. Wang. Sensor de fluorescência ligado baseado na agregação de cromóforos de cumarina à base de pirazolo [3,4-b] piridina induzida por Hg^{2+}. Tetrahedron Lett., 54 (2013) 6447-6449.

[41]. Y. Zhang, J. Leng. Estudos teóricos sobre Hg fluorescente de dois fótons^{2+} Sondas baseadas no sistema cumarina-rodamina. Sensores, 17 (2017) 1672.

[42]. N. Wanichacheva, O. Hanmeng, S. Kraithong, K. Sukrat. Dual optical Hg^{2+} -selective sensing through FRET system of fluorescein and rhodamine B fluorophores. J. Photochem. Photobiol A Chem, 278 (2014) 75-81.

[43]. H. Mohammad, A. Islam, C. Prodhan, M. Ali. Um quimiossensor à base de fluoresceína para a deteção "turn-on" de Hg^{2+} e o complexo resultante como um sensor fluorescente para S^{2-} em meio semi-aquoso com aplicação de imagem celular: Estudos experimentais e computacionais. Novo J. Chem., 3 (2019) 5297-5307.

[44]. D. Liu, Y. Wang, R. Wang, B. Wang, H. Chang, J. Chen, G. Yang, H. He. Sensor fluorescente baseado em fluoresceína com alta seletividade para mercúrio e sua imagem em células vivas. Inorg Chem Commun. 89 (2018) 46-50.

[45]. H. Kang, H. Xu, C. Fan, G. Liu, S. Pu. Um novo quimiossensor simétrico sensível de diarileteno ligado à fluoresceína para deteção de Hg^{2+} . J. Photochem. Photobiol. A: Chem., 364 (2018) 465-470.
[46]. K. Sureshkumar, T. Ramakrishnappa, M. Pandurangappa. Mercury speciation at trace level using fluorescein hydrazide as fluorescent probe. Mater. Today Proc., 49 (2022) 576-582.
[47]. P. Piyanuch, S. Watpathomsub, V. Lee, H. Nienaber, N. Wanichacheva. Hg altamente sensível e seletivo^{2+} -chemosensor baseado em ditiociclo fluoresceína para detecções ópticas e visuais em solução tampão aquosa. Sens Actuators B Chem., 224 (2016) 201-208.
[48]. E. Nolan, S. Lippard. Turn-On and Ratiometric Mercury Sensing in Water with a Red-Emitting Probe. J. Am. Chem. Soc. 129 (2007) 5910-5918.
[49]. Y. Chiou, C. Wan, A. Tai. Um quimiossensor fluorescente seletivo colorimétrico e ligado para Hg^{2+} em solução aquosa. J. Fluoresc., 27, (2017), 317-322.
[50]. C. Rullyani, M. Shellaiah, M. Rameshc, H. Lina, C. Chu. OTFT funcionalizado com Pyrene-SH para deteção de iões Hg^{2+} em ambientes aquáticos. Org. Electron, 69 (2019) 275-280.
[51]. C. Bai, P. Xu, J. Zhang, R. Qiao, M. Chen, M. Mei, B. Wei, C. Wang, L. Zhang, S. Chen. Quimiossensores fluorescentes de comprimento de onda longo para Hg^{2+} baseado em pireno. ACS Omega, 11 (2019) 14621-14625.
[52. M. Kumar, A. Dhir, V. Bhalla, R. Sharma, R. Puri, R. Mahajan. Quimiossensor altamente eficaz para iões de mercúrio com base no derivado de bispirenilo. Analyst, 135 (2010) 1600-1605.

[53]. Y. Wang, B. Li, L. Zhang, L. Liu, Q. Zuo, P. Li. Um sensor ótico regenerável altamente seletivo para a deteção de iões de mercúrio (II) na água utilizando nanomateriais híbridos orgânicos-inorgânicos contendo pireno. New J. Chem, 34 (2010) 1946-1953.
[54]. B. Ma, F. Zeng, X. Lia, S. Wu. A easy approach for sensitive, reversible and ratiometric detection of biothiols based on thymine-mediated excimer-monomer transformation. Chem. Commun., 48 (2012) 6007-6009.
[55]. Gandhi Sivaraman, Thangaraj Anand e Duraisamy Chellappa. Desenvolvimento de um quimiossensor fluorescente ""turn on"" baseado em pireno para Hg^{2+} . RSC Adv, 2 (2012) 10605-10609.
[56]. M. Shellaiah, Y. Rajan, P. Balu, A. Murugan. Uma sonda de base schiff baseada em pireno para deteção seletiva fluorescente de Hg^{2+} íons com aplicação em células vivas. Novo

J. Chem., 39 (2015) 2523-2531.

[57]. S. Tumay, A. Uslua, H. Alidagi, H. Kazan, C. Bayraktar, T. Yolaçan, M. Durmuş, S. Yeşilot. Uma série sistemática de quimiossensores de fluorescência com múltiplos locais de ligação para Hg (II) com base em ciclotrifosfazenos funcionalizados com pirenil e sua aplicação em imagens de células vivas. New.J. Chem, 42 (2018) 14219-14228.

[58]. V. Bhalla, R. Tejpal, M. Kumar, A. Sethi. Terphenyl Derivatives as "Turn On" Fluorescent Sensors for Mercury. Inorg. Chem. 48 (2009) 11677-11684.

[59]. B. Rani, S. John. Sensor fluorogénico de iões de mercúrio baseado na unidade pireno-amino mercaptothiadiazole. J. Hazard Mater, 343 (2018) 98-106.

[60]. Y. Wu, X. Wen, Z. Fan. Uma sonda fluorescente baseada em pireno ativo AIE para deteção selectiva de Hg^{2+} e imagiologia em células vivas. Spectrochim. Ata A Mol. Biomol. Spectrosc. 223 (2019) 117315.

[61]. Z. Sahin, D. Alimli, M. Tonta, M. Kose, F. Yilmaz. Sensor de mercúrio (II) altamente sensível e reutilizável baseado na extinção de fluorescência da porção de pireno em criogel à base de poliacrilamida. Sens Actuators B Chem, 242 (2017) 362-368.

[62]. H. Wang, S. Wu. Sensores fluorescentes altamente selectivos para iões de mercúrio (II) e suas aplicações na imagiologia de células vivas. Tetrahedron, 69 (2013) 1965-1969.

[63]. Y. Lee, M. Lee, J. Zhang, J. Kim. Pyrene Excimer-Based Calix arene FRET Chemosensor for Mercury(II). J. Org. Chem. 75 (2010) 7159-7165.

[64]. Y. Zhou, C. Zhu, X. Gao, X. You, C. Yao. Hg^{2+} -Selective Ratiometric and "OFF- ON" Quimiossensor baseado no derivado de azadieno-pireno. Org. Lett., 12 (2010) 2566-2569.

[65]. K. Ghosh D. Tarafdar. Um novo quimiossensor à base de quinolina na deteção ratiométrica de Hg^{2+} íons. Supramol Chem, 25 (2013) 127-132.

[66]. J. Hu, J. Li, J. Qi, J. Chen. Sensores fluorescentes de mercúrio(II) altamente selectivos e eficazes. Novo J. Chem. 39 (2015) 843-848.

[67]. K. Zhong, X. Zhou, R. Hou, P. Zhou, S. Hou, Y. Bian, G. Zhang, L. Tang, X. Shang. Um sensor fluorescente altamente sensível e seletivo solúvel em água para Hg^{2+} baseado em 2- (2- (8- hidroxiquinolina) -il) benzimidazol via transferência de carga ligante-tometal (LMCT). RSC Adv., 4 (2014) 16612-16617.

[68]. C. Zhou, Y. Song, Y. Li. Um novo sensor fluorescente altamente sensível e seletivo para a imagem de mercúrio (II) em células vivas. RSC Adv., 4 (2014) 33614-33618.

[69]. S. Sahana, G. Mishra, S. Sivakumar, P. Bharadwaj. Conjugado 2-(2"-Hidroxifenil)-benzotiazol (HBT)-quinolina: Sonda fluorescente altamente específica para Hg^{2+} com base em ESIPT e sua aplicação em bioimagem. Dalton Trans., 44 (2015) 20139-20146.

[70]. S. Guo, C. Fan, G. Liu, S. Pu. Um quimiossensor colorimétrico e fluorescente para Hg^{2+} baseado em um diarileteno fotocrômico com uma unidade de quinolina. RSC Adv., 8 (2018) 39854-39864.

[71]. Y. Zhang, Y. Yan, S. Chen, Z. Gao, H. Xu. Sensor "reativo" à base de quinolina "a olho nu" para reconhecimento do ião Hg^{2+} em solução aquosa. Bioorg. Med. Chem. Lett. 24 (2014) 5373-5376.

[72]. L. Wang, J. Jin, L. Zhao, H. Shen, C. Shen, P. Zhang. Síntese de sensores fluorescentes baseados em C-glicosil triazolil quinolina para a deteção de iões de mercúrio. Carbohydr.Res. 433 (2016) 41-46.

[73]. B. Musikavanhu, S. Muthusamy, D. Zhu, Z. Xue, Q. Yu, C. Chiyumba, J. Mack, T. Nyokong, S. Wang, L. Zhao. Um simples quimiossensor de desligamento de base de quinolina-tiofeno Schiff para deteção de Hg^{2+} : espetroscopia, propriedades de deteção e aplicações. Spectrochim. Ata A Mol. Biomol. Spectrosc., 264 (2022) 120338.

[74]. H. Kim, S. Nam, K. Swamy, Y. Jin, X. Chen, Y. Kim, S. Kim, S. Park, J. Yoon. Derivados de hidrazona de rodamina como Hg^{2+} quimiossensores fluorescentes e colorimétricos seletivos e suas aplicações em bioimagem e sistema microfluídico. Analyst, 136 (2011) 1339-1343.

[75]. Y. Zhao, Y. Sun, X. Lv, Y. Liu, M. Chen, W. Guo. Quimiossensor à base de rodamina para Hg^{2+} em solução aquosa com uma vasta gama de pH e a sua aplicação na imagiologia de células vivas. Org. Biomol. Chem., 8 (2010) 4143-4147.

[76]. H. Wang, Y. Li, S. Xu, Y. Li, C. Zhou, X. Fei, L. Sun, C. Zhang, Y. Li, Q. Yang, X. Xu. Quimiossensor fluorescente colorimétrico off-on altamente sensível à base de rodamina para Hg^{2+} em solução aquosa e para imagiologia de células vivas. Org. Biomol. Chem., 9 (2011) 2850-2855.

[77]. L. Wang, B. Zheng, Y. Zhao, J. Du, D. Xiao. Um quimiossensor fluorescente seletivo de Hg^{2+} baseado em tiohidrazida de rodamina B e sua aplicação em bioimagem. Anal. Methods, 4 (2012) 2369-2374.

[78]. H. Dinga, C. Zheng, B. Lia, G. Liu, S. Pub, D. Jiaa, Y. Zhou. Um sensor baseado em rodamina para Hg^{2+} e complexo resultante como um sensor de fluorescência para I^- RSC Adv., 6 (2016) 80723-80728.

[79]. P. Venkatesan, N. Thirumalivasan, S. Wu. Um quimiossensor à base de rodamina com difenilselénio para a deteção altamente seletiva de Hg por fluorescência^{2+} in vitro e in vivo. RSC Adv., 7 (2017) 21733-21739.

[80]. C. Bai, W. Wang, J. Zhang, C. Wang, R. Qiao, B. Wei, L. Zhang, S. Chen, S. Yang. A Fluorescent and Colorimetric Chemosensor for Hg^{2+} Based on Rhodamine 6G With a Two-Step Reaction Mechanism. Front. Chem. 8 (2020) 14.

[81]. M. Hong, A. Liu, Y. Xu, D. Xu. Síntese e propriedades de três novos sensores fluorescentes à base de rodamina para Hg^{2+} Chin. Chem. Lett, 27 (2016) 989-992.

[82]. W. Liu, J. Chen, L. Xu, J. Wu, H. Xu, H. Zhang, P. Wang. Quimiossensor fluorescente reversível "off-on" para Hg^{2+} baseado no derivado de rodamina. Spectrochim. Ata A Mol. Biomol. Spectrosc, 85 (2012) 38-42.

[83]. S. Lee, B. Rao, Y. Son. Um quimiossensor fluorescente altamente seletivo para Hg^{2+} baseado num derivado de squaraine-bis(rhodamine-B): Parte II. Sens. Actuators B Chem, 210 (2015) 519-532.

[84]. Y. Fang, Y. Zhou, J. Lia, Q. Ruia, C. Yao. Quimiossensores à base de Naftalimida-Rhodamina para deteção colorimétrica e fluorescente de Hg^{2+} através de diferentes mecanismos de sinalização em sistemas de solventes correspondentes. Sens. Actuators B Chem., 215 (2015) 350-359.

[85]. M. Hong, X. Lu, Y. Chen, D. Xu. Um novo sensor colorimétrico e fluorescente à base de rodamina para Hg^{2+} em matriz de água e célula viva. Sens. Actuators B Chem 232 (2016) 28-36.

[86]. B. Vanjare, P. Mahajan, H. Ryoo, N. Dige, N. Choi, Y. Han, S. Kim, C. Kim, K. Lee. Novo quimiossensor à base de rodamina para a deteção de Hg^{2+} : Deteção nanomolar, análise de amostras reais de água e imagiologia intracelular de células. Sens. Actuators B Chem., 330 (2021) 129308

[87]. J. Soh, K. Swamy, S. Kim, S. Kim, S. Lee, J. Yoon. Rhodamine urea derivatives as fluorescent chemosensors for Hg $^{2+.}$ Tetrahedron Lett., 48 (2007) 5966-5969.

[88]. M. Lee, J. Wu, J. Lee, J. Jung, J. Kim Quimiossensor altamente sensível e seletivo para Hg^{2+} baseado no fluoróforo de rodamina. Org. Lett., 9 (2007) 2501-2504.

[89]. S. Hazra. C. Bodhak. S. Chowdhury. D. Sanyal. S. Mandal, K. Chattopadhyay, A. Pramanik. Um novo quimiossensor à base de rodamina anexado à triptamina para deteção selectiva de Hg^{2+} presente em meio aquoso e suas aplicações biológicas. Anal. Bioanal. Chem., 411 (2019) 1143-1157.

[90]. P. Rao, B. Saritha, S. Rao. Quimiossensor de fluorescência colorimétrico e ligado para Hg^{2+} Deteção de íons em meios aquosos. J. Fluoresc., 29 (2019) 353-360.

[91]. A. Anandababu, S. Anandan, M. Ashokkumar. Um sensor colorimétrico e de fluorescência baseado em rodamina B de p-tert-butilcalix[4]areno simples discriminante para aplicações de imagens de íons de mercúrio e células vivas. ChemistrySelect, 3 (2018) 4413 - 4420.

PERFIL DO AUTOR

Dr. M. RAJASEKAR

O Dr. M. Rajasekar trabalha atualmente como Cientista-C/Professor Assistente (Investigação) de Química Orgânica no Centro de Ciências Moleculares e Nanomédicas, Centro Internacional de Investigação, Instituto de Ciência e Tecnologia de Sathyabama (considerado Universidade), Chennai, desde 2018. Nasceu na aldeia de Agatheripattu, distrito de Tiruvannamalai em Tamil Nadu, Índia, e o seu principal interesse de investigação é na área da química orgânica sintética. Recebeu o grau de bacharel pelo Departamento de Química, Arignar Anna Govt. Arts College, Cheyyar, afiliado à Universidade de Madras em 2005 e o grau de mestre pelo Departamento de Química, C. Abdul Hakeem College of Arts and Science, Vellore, afiliado à Universidade Thiruvalluvar em 2007. Recebeu o grau de M. Phil do Departamento de Química, The New College, afiliado à Universidade de Madras, Chennai, em 2008. Trabalhou como professor convidado no Departamento de Química da Universidade de Anna, Chennai, de 26.06.2008 a 30.12.2008 e obteve o grau de doutoramento no Departamento de Química Orgânica da Universidade de Madras em 2015. Trabalhou como Pós-Doutorado Nacional (DST- SERB) na Universidade de Sathyabama, Chennai, de 2016 a 2018. Recebeu os graus de B.Ed (2021) e M.Ed (2023) do Arunachala College of Education, afiliado à Tamil Nadu Teachers Education University, Chennai. Além disso, foram-lhe concedidas cinco patentes, publicou doze livros e é autor de duas monografias.

MIX
Papier aus verantwortungsvollen Quellen
Paper from responsible sources
FSC® C105338

Printed by Books on Demand GmbH, Norderstedt / Germany